Sitzungsberichte der Heidelberger Akademie der Wissenschaften

Mathematisch-naturwissenschaftliche Klasse

Jahrgang 1971, 7. Abhandlung

K. Hoppe

Über die spektrale Zerlegung der algebraischen Formen auf der Graßmann-Mannigfaltigkeit

(Vorgelegt in der Sitzung vom 3. Juli 1971 durch F. K. Schmidt)

Springer-Verlag Berlin Heidelberg New York 1971

ISBN-13: 978-3-540-05598-3   e-ISBN-13: 978-3-642-99996-3

DOI: 10.1007/978-3-642-99996-3

Universitätsdruckerei H. Stürtz AG, Würzburg

Über die spektrale Zerlegung
der algebraischen Formen
auf der Graßmann-Mannigfaltigkeit

KLAUS HOPPE

Mathematisches Institut, Heidelberg

Inhaltsverzeichnis

§ 1. Einleitung

a) Bezeichnungen

$A = A^{(r,\,s)}$ soll bedeuten, daß A eine Matrix mit r Zeilen und s Spalten ist. Im Fall $r = s$ schreiben wir kurz $A = A^{(r)}$.

Die Einheitsmatrix wird stets mit E und die reelle Variablenmatrix stets mit X bezeichnet.

Die transponierte Matrix von A ist die Matrix A'.

Der Rang einer Matrix A wird mit rg A bezeichnet.

Ferner ist $\sigma(A)$ die Spur der quadratischen Matrix A.

Die Determinante einer quadratischen Matrix $A = A^{(r)} = (a_{\mu\nu})$ mit μ als Zeilen- und ν als Spaltenindex wird auch im Fall, daß der Koeffizientenring nicht kommutativ ist, definiert durch

$$\det(A) = |A| = \sum \varepsilon^{1,\,\ldots,\,r}_{\lambda_1,\,\ldots,\,\lambda_r}\, a_{\lambda_1 1}\, a_{\lambda_2 2} \ldots a_{\lambda_r r},$$

wobei $\varepsilon^{1,\ldots,r}_{\lambda_1,\ldots,\lambda_r}$ das Vorzeichen der Permutation $\lambda_1,\ldots,\lambda_r$ von $1,\ldots,r$ ist und über alle Permutationen zu summieren ist.

Ferner wird die Unterdeterminante von A, die aus den Zeilen von A mit den Indizes $\alpha_1,\ldots,\alpha_h$ und den Spalten von A mit den Indizes $\beta_1,\ldots,\beta_h$ gebildet wird, mit

$$\binom{\alpha_1,\ldots,\alpha_h}{\beta_1,\ldots,\beta_h}A$$

bezeichnet.

Unter einer Form verstehen wir durchweg ein homogenes Polynom.

Kleine gotische Buchstaben stellen stets Spaltenvektoren dar.

Der Körper der reellen Zahlen wird mit $\mathbb{R}$ und der der komplexen Zahlen mit $\mathbb{C}$ bezeichnet.

b) Gegenstand der Arbeit

In dieser Arbeit befassen wir uns mit Formen auf der Graßmann-Mannigfaltigkeit $\widetilde{G}(m,n)$.

$\widetilde{G}(m,n)$ ist die Gesamtheit der n-dimensionalen Teilräume des $\mathbb{R}^m$, d.h. ist

$$M(m,n)=\left\{A=A^{(m,n)} \text{ reell, rg } A=n\right\} \tag{1}$$

und ist durch

$$A\sim B \Leftrightarrow A=BV \quad \text{mit} \quad \det(V)\neq 0 \tag{2}$$

eine Äquivalenzrelation auf $M(m,n)$ definiert, so ist

$$\widetilde{G}(m,n)=M(m,n)/\!\sim. \tag{3}$$

Ordnet man jedem n-dimensionalen Teilraum des $\mathbb{R}^m$ sein orthogonales Komplement zu, so erhält man eine Bijektion von $\widetilde{G}(m,n)$ auf $\widetilde{G}(m,m-n)$; deshalb kann im Folgenden stets

$$m\geq 2n \tag{4}$$

vorausgesetzt werden.

Ist p die natürliche Projektion von $M(m,n)$ auf $\widetilde{G}(m,n)$, und ist W ein beliebiger Raum, so bestimmt jede Abbildung u^* von $\widetilde{G}(m,n)$ in W umkehrbar eindeutig eine Abbildung u von $M(m,n)$ in W mit $\tilde{u}=u^*p$, die die Invarianzeigenschaft

$$\tilde{u}(XV)=\tilde{u}(X) \quad \text{für alle } V \text{ mit } \det(V)\neq 0 \tag{5}$$

erfüllt. Nach bekannten Sätzen aus der Theorie der algebraischen Invarianten (s. etwa [8]) gilt

Lemma 1.1. *Für zwei Matrizen $A = A^{(m, n)}$ und $B = B^{(m, n)}$ vom Rang n ist*

$$A = BV \quad mit \quad \det(V) = 1 \tag{6}$$

gleichwertig damit, daß alle n-reihigen Unterdeterminanten von A mit den entsprechenden Unterdeterminanten von B übereinstimmen.

Deshalb führen wir die folgende Bezeichnung ein: Es seien die Kombinationen

$$(\alpha) = (\alpha_1, \ldots, \alpha_n) \quad mit \quad 1 \leqq \alpha_1 < \cdots < \alpha_n \leqq m$$

irgendwie geordnet, und es sei für jede Matrix $A = A^{(m, n)}$

$$
\begin{aligned}
p_\alpha(A) &= \left(^{\alpha_1, \ldots, \alpha_n}_{\ 1, \ldots, \ n}\right)_A \\
\mathfrak{p}(A)' &= (\ldots, p_\alpha(A), \ldots)
\end{aligned}
\tag{7}
$$

gesetzt. Dann besagt das Lemma 1.1, daß (6) gleichwertig ist mit $\mathfrak{p}(A) = \mathfrak{p}(B)$. Folglich erhalten wir durch

$$G(m, n)_{\mathbb{R}} = \{\mathfrak{a}' = (\ldots, a_\alpha, \ldots) \neq 0 / \exists\, A \in \mathbb{R}^{mn} \text{ mit } \mathfrak{a} = \mathfrak{p}(A)\} \tag{8}$$

eine homogene Darstellung der Graßmann-Mannigfaltigkeit $\widetilde{G}(m, n)$. Bekanntlich ist $G(m, n)$ eine irreduzible algebraische Mannigfaltigkeit mit $\mathfrak{p}(X)$ als allgemeinen Punkt (s. etwa [1]). Wir betrachten außerdem noch die zugehörige komplexe algebraische Mannigfaltigkeit

$$G(m, n)_{\mathbb{C}} = G(m, n). \tag{9}$$

Um nun zu sehen, welche Funktionen auf $G(m, n)$, d.h. welche Funktionen von $\mathfrak{p}(X)$, Funktionen auf der Graßmann-Mannigfaltigkeit $\widetilde{G}(m, n)$ liefern, mache man sich folgendes klar:

Nach dem Weierstraßschen Approximationssatz kann jede stetige Funktion durch Formen approximiert werden. Deshalb betrachten wir die Vektorräume

$$F_{k, 0} = \{u(\mathfrak{p}(X)) \text{ Polynom} / u(s \cdot \mathfrak{p}(X)) = s^k u(\mathfrak{p}(X)), s \neq 0\}. \tag{10}$$

Wir setzen nun noch

$$F(m, n, k) = \{\hat{u}(X) \text{ Polynom} / \hat{u}(XV) = |V|^k \hat{u}(X), V \neq 0\}. \tag{11}$$

Dann gilt bekanntlich (s. etwa [8])

Lemma 1.2. *Ist* $u\big(\mathfrak{p}(X)\big)=\hat{u}(X)$, *so ist* $u\in F_{k,0}$ *gleichbedeutend mit* $\hat{u}\in F(m,n,k)$.

Setzen wir dann für $\hat{u}\in F(m,n,k)$

$$\tilde{u}(X) = \det(X'X)^{-k/2}\,\hat{u}(X), \tag{12}$$

so hat $\tilde{u}$ die Invarianzeigenschaft

$$\tilde{u}(XV) = \hat{u}(X) \quad \text{für} \quad \det(V)\neq 0, \tag{5}$$

stellt also eine Funktion auf der Graßmann-Mannigfaltigkeit $\tilde{G}(m,n)$ dar. Daß es ausreicht, die so erhaltenen Funktionen auf $\tilde{G}(m,n)$ zu untersuchen, zeigt das folgende Lemma.

Lemma 1.3. *Ist* $\tilde{u}(X)$ *eine auf* $X'X>0$ *definierte, stetige (komplexwertige) Funktion, die die Invarianzeigenschaft* (5) *erfüllt, dann gibt es eine Form* $\tilde{u}(X)\in F(m,n,2k)$ *mit*

$$\big|\,u(X)-\det(X'X)^{-k}\,\hat{u}(X)\big| <\varepsilon. \tag{13}$$

Dabei hängt k von der vorgegebenen positiven Zahl ε ab.

In [3] ist ein allgemeiner Approximationssatz angegeben; der erste Teil des Beweises (S. 140—141) liefert genau die Aussage des hier formulierten Lemmas; der zweite Teil ist genau die Aussage des nächsten Lemmas.

Es sei nun $\mathfrak{R}$ der Ring der bezüglich der Substitutionen

$$X\to UXV \quad \text{mit} \quad U'U=E \quad \text{und} \quad \det(V)\neq 0 \tag{14}$$

invarianten linearen Differentialoperatoren. Dann gilt

Lemma 1.4. *Ist H ein Teilraum von $F(m,n,k)$, der mit $\hat{u}(X)$ auch $u(UX)$ für jede orthogonale Matrix U enthält, so besitzt H eine Basis, die aus Eigenfunktionen von $\mathfrak{R}$ besteht.*

Da dieses Lemma in [3] nur im Zusammenhang mit dem Approximationssatz benutzt wurde, ist es dort auch nur für gerades k formuliert, obgleich das im Beweis (S. 141—146) nicht benutzt wird.

Für $H=F(m,n,k)$ besagt dieses Lemma, daß $F(m,n,k)$ in Eigenräume von $\mathfrak{R}$ zerlegt werden kann.

Diese Eigenräume sollen in dieser Arbeit konstruiert werden (Das Lemma 1.4 wird dabei mitbewiesen.)

c) Das Ziel der Arbeit

Es sei L eine beliebige aber feste Matrix mit

$$L = L^{(m,\,n)}, \quad \operatorname{rg} L = n, \quad L'L = 0. \tag{15}$$

(So ein L existiert wegen der Voraussetzung (4): $m \geqq 2n$.) Mit diesem L definieren wir

$$Y = L'X(X'X)^{-1}X'L = \begin{pmatrix} Y_r & * \\ * & * \end{pmatrix} \quad Y_r = Y_r^{(r)} \quad (Y_0 = 1); \tag{16}$$

sodann betrachten wir die Funktionen

$$\hat{u}_{k_0,\,\ldots,\,k_n}(X) = \det(X'X)^{k/2} \prod_{r=0}^{n} \det(Y_r)^{k_r} \tag{17}$$

und bezeichnen mit

$$E_{k_0,\,\ldots,\,k_n} = \operatorname{Lin}\left\{\hat{u}_{k_0,\,\ldots,\,k_n}(UX)/U'U = E\right\} \tag{18}$$

die lineare Hülle der Formen $u_{k_0,\,\ldots,\,k_n}(UX)$ mit $U'U = E$. Wir zeigen dann:

Satz 7 [Zerlegungssatz auf $G(m, n)$].

$$F(m, n, k) = \sum E_{k_0,\,\ldots,\,k_n}, \tag{19}$$

wobei über alle Systeme nicht-negativer Zahlen $k_0, \ldots, k_n$, die die Bedingung

$$k_r \equiv 0\,(\mathrm{mod}\ 1) \quad \text{für } r < n, \quad k_n \equiv \frac{k}{2}\,(\mathrm{mod}\ 1), \quad \sum_{r=0}^{n} k_r = \frac{k}{2} \tag{20}$$

erfüllen, zu summieren ist, ist die direkte Zerlegung von $F(m, n, k)$ in die Eigenräume von $\Re$.

Nun liefern Exponentensysteme

$$k_0, k_1, \ldots, k_n \quad \text{und} \quad k_0', k_1, \ldots, k_n \quad \text{mit} \quad k_0 \neq k_0'$$

verschiedene Funktionen auf $G(m, n)$, die vermöge des Ansatzes (12) die gleiche Funktion auf der Graßmann-Mannigfaltigkeit $\tilde{G}(m, n)$ liefern. Mithin reicht es, die Formen mit $k_0 = 0$ zu betrachten; das sind — wie sich zeigen wird — genau die harmonischen Formen auf $G(m, n)$, d.h. die Formen aus

$$H(m, n, k) = \left\{\hat{v}(X) \in F(m, n, k) \,\Big/\, \det\left(\frac{\partial}{\partial X}, \frac{\partial}{\partial X}\right)\hat{v}(X) = 0\right\}. \tag{21}$$

Aus Satz 7 und Lemma 1.3 erhalten wir dann:

Setzt man

$$\tilde{u}_{k_1,\ldots,k_n}(X) = \prod_{r=1}^{n} \det(Y_r)^{k_r} \tag{22}$$

$$\widetilde{E}_{k_1,\ldots,k_n} = \operatorname{Lin}\left\{u_{k_1,\ldots,k_n}(UX) \mid U'U = E\right\}, \tag{23}$$

so gilt:

Satz 8. *Für jedes Exponentensystem* $k_1,\ldots,k_n$ *nicht-negativer ganzer Zahlen ist* $\widetilde{E}_{k_1,\ldots,k_n}$ *ein Eigenraum von* $\mathfrak{R}$. *Verschiedene Exponentensysteme liefern verschiedene Eigenwertsysteme.*

Die Formen aus diesen Eigenräumen bilden ein Fundamentalsystem auf der Graßmann-Mannigfaltigkeit $\widetilde{G}(m,n)$.

Außerdem zeigen wir — unabhängig von allem anderen —

Satz 9. *Für jedes reelle Exponentensystem* $k_1,\ldots,k_n$ *ist* $\widetilde{E}_{k_1,\ldots,k_n}$ *Eigenraum von* $\mathfrak{R}$.

Ist $\mathfrak{F}$ *ein Teilbereich des* $\mathbb{R}^n$, *der das Gitter*

$$\mathfrak{G} = \left\{(k_1,\ldots,k_n)\in\mathbb{R}^n / k_r \geqq 0,\ k_r\ \text{ganz},\ r=1,\ldots,n\right\}$$

enthält, und in dem jedes Exponentensystem $(k_1,\ldots,k_n)$ *aus* $\mathfrak{F}$ *das Eigenwertsystem umkehrbar eindeutig bestimmt, so liegt* $\mathfrak{F}$ *ganz in*

$$\mathfrak{H} = \left\{(k_1,\ldots,k_n)\in\mathbb{R}^n / k_r \geqq -\tfrac{1}{2},\ r=1,\ldots,n-1\right\}.$$

d) Beweisidee, Gliederung

Wir beweisen den Zerlegungssatz durch vollständige Induktion. Dazu konstruieren wir eine Folge algebraischer Mannigfaltigkeiten $G_0,\ldots,G_n$ und untersuchen die Formen auf G_r. Eine einfache Beziehung zwischen speziellen Formen, den harmonischen Formen, auf G_r und den Formen auf G_{r+1} liefert dann den Induktionsansatz.

In § 2 konstruieren wir die Mannigfaltigkeiten G_r wie folgt: Für jede Kombination

$$(\alpha) = (\alpha_1,\ldots,\alpha_{n-r}) \quad \text{mit} \quad 1 \leqq \alpha_1 < \cdots < \alpha_{n-r} \leqq m - 2r \tag{24}$$

definieren wir die Matrizen $E_{r\alpha}$ und $L_{r\alpha}$ durch

$$E_{r\alpha} = E_{r\alpha}^{(m-2r,\,n-r)} = (\delta_{\mu\,\alpha_\nu})$$

$$L_{r\alpha} = L_{r\alpha}^{(m,\,n)} = \begin{pmatrix} I_r & 0 \\ 0 & E_{r\alpha} \end{pmatrix}, \tag{25}$$

dabei ist

$$I_r = I_r^{(2r,\,r)} = (\delta_{\mu\,2\nu-1} + i\,\delta_{\mu\,2\nu}) \tag{26}$$

gesetzt. Sodann setzen wir für jede Matrix $A = A^{(m,\,n)}$

$$\begin{aligned} z_{r\alpha}(A) &= \det(L'_{r\alpha}A) \\ \mathfrak{z}_r(A)' &= (\ldots,\, z_{r\alpha}(A),\, \ldots) \end{aligned} \tag{27}$$

und definieren schließlich

$$G_r = \big\{\mathfrak{a}' = (\ldots,\, a_\alpha,\, \ldots) \neq 0 \,/\, \text{Es gibt } A \in \mathbb{C}^{mn} \text{ mit } \mathfrak{a} = \mathfrak{z}_r(A)\big\}. \tag{28}$$

Wir zeigen dann, daß G_r eine Parameterdarstellung der komplexen homogenen Graßmann-Mannigfaltigkeit $G(m-2r,\, n-r)$ ist. Ist $X = X^{(m,n)}$ die reelle Variablenmatrix, so nennen wir ein Polynom in den $z_{r\alpha}(X)$ ein Polynom auf G_r. Wir konstruieren dann eine Matrix $X_r = X_r^{(m-2r,\,n-r)}$ so, daß $\mathfrak{z}_r(X) = \mathfrak{p}(X_r)$ gilt. Sodann zeigen wir, daß eine Gruppe Γ_r, die auf $\mathbb{R}^{mn}$ operiert, so existiert, daß ein Polynom in den Elementen von X genau dann invariant bezüglich Γ_r ist, wenn es sich als Polynom auf G_r darstellen läßt. Daraus erhalten wir dann: Die Formen vom Grad k auf G_r, d.h. die Polynome in den $z_{r\alpha}(X)$ mit

$$u\big(s \cdot \mathfrak{z}_r(X)\big) = s^k\, u\big(\mathfrak{z}_r(X)\big), \qquad s \neq 0, \tag{29}$$

sind spezielle Formen auf der homogenen Graßmann-Mannigfaltigkeit $G(m,\, n)$.

Es sei $F_{k,\,r}$ der Vektorraum der Formen vom Grad k auf G_r.

In § 3 zeigen wir dann zunächst durch Übertragen des in [5] für den Fall $r = 0$ verwendeten Verfahrens, daß sich die Formen auf G_r wie folgt darstellen lassen:

Satz 1. *Die Formen aus $F_{k,\,r}$ lassen sich als endliche Summen der Art*

$$u\big(\mathfrak{z}_r(X)\big) = \sum \big(\mathfrak{a}'\,\mathfrak{z}_r(X)\big)^k \quad mit \quad \mathfrak{a} \in G_r \tag{30}$$

darstellen. Im Fall $r < n$ sind sie auch eindeutig als

$$u\big(\mathfrak{z}_r(X)\big) = \sum_{k_r=0}^{[k/2]} \big(\mathfrak{z}_r(X)'\,\mathfrak{z}_r(X)\big)^{k_r}\, v_{k-2k_r}\big(\mathfrak{z}_r(X)\big) \tag{31}$$

darstellbar, dabei ist jedes v_h eine endliche Summe der Art

$$v_h\big(\mathfrak{z}_r(X)\big) = \sum \big(\mathfrak{a}'\,\mathfrak{z}_r(X)\big)^h \quad mit \quad \mathfrak{a} \in G_r,\; \mathfrak{a}'\,\mathfrak{a} = 0. \tag{32}$$

Diesen Satz formulieren wir dann noch so um, daß die Analogie zum Fall $r = 0$ deutlicher zutage tritt:

Satz 1'. *Für $r < n$ gilt:*

Die Formen aus $F_{k,r}$ lassen sich als endliche Summen der Art

$$u\left(\mathfrak{z}_r(X)\right) = u^{\hat{}}(X_r) = \sum \det(A_r' X_r)^k \qquad (30)'$$

darstellen.

Sie besitzen auch eine eindeutige Darstellung der Art

$$u^{\hat{}}(X_r) = \sum_{k_r=0}^{[k/2]} \det(X_r' X_r)^{k_r} v^{\hat{}}_{k-2k_r}(X_r), \qquad (31)'$$

dabei ist jedes $v^{\hat{}}_h(X_r)$ eine endliche Summe der Art

$$v^{\hat{}}_h(X_r) = \sum \det(A_r' X_r)^h \quad mit \quad \det(A_r' A_r) = 0. \qquad (32)'$$

Die Eindeutigkeit der Darstellung (31) ist dabei von entscheidender Bedeutung.

In § 4 beweisen wir dann eine verallgemeinerte Capelli-Identität; dabei erfolgt die Verallgemeinerung der in [8] angegebenen Identität in derselben Weise wie in [6], S. 47—49 (dort ist der Fall einer symmetrischen Variablenmatrix behandelt). Wir benötigen diese Operatoren-Identität, um eine in [2] angegebene Identität zu verallgemeinern.

In § 5 geben wir zunächst drei verschiedene Basen des Ringes $\mathfrak{R}$ der bezüglich der Substitutionen

$$X \to UXV \quad mit \quad U'U = E \quad und \quad \det(V) \neq 0 \qquad (33)$$

invarianten linearen Differentialoperatoren an.

Sodann betrachten wir für jedes r ($0 \le r \le n-1$) den Ring $\mathfrak{R}_r$ der invarianten linearen Differentialoperatoren in X_r (anstelle von X). Die verallgemeinerte Capelli-Identität liefert dann zusammen mit dem ersten Teil von Satz 1'

Satz 2. *Für $r < n$ gilt: Eine Form $u\left(\mathfrak{z}_r(X)\right) = u^{\hat{}}(X_r)$ auf G_r ist genau dann Eigenfunktion von $\mathfrak{R}$, wenn $u^{\hat{}}$ Eigenfunktion von $\mathfrak{R}_r$ ist. Das Eigenwertsystem von u bezüglich irgendeiner Basis von $\mathfrak{R}$ ist umkehrbar eindeutig durch das Eigenwertsystem von $u^{\hat{}}$ bezüglich irgendeiner Basis von $\mathfrak{R}_r$ bestimmt.*

Der Satz 1' und der Satz 2 zeigen, daß man bei der Aufstellung der Eigenfunktionen von $\mathfrak{R}$ aus $F_{k,r}$ nur den Fall $r = 0$ (und den Fall $r = n$, der sich als trivial herausstellen wird) zu untersuchen braucht.

Ist wieder

$$F(m, n, k) = \{\hat{u}(X) \text{ Polynom} \,/\, \hat{u}(XV) = |V|^k \hat{u}(X),\ |V| \neq 0\}, \quad (11)$$

$$H(m, n, k) = \left\{\hat{v}(X) \in F(m, n, k) \,\Big/\, \det\left(\frac{\partial}{\partial X},\ \frac{\partial}{\partial X}\right)\hat{v}(X) = 0\right\}, \quad (21)$$

so gilt nach [5], S. 143,

Lemma 1.5. *Die Formen aus* $H(m, n, k)$ *sind genau die endlichen Summen*

$$\hat{v}(X) = \sum \det(A'X)^k \quad mit \quad \det(A'A) = 0. \quad (34)$$

Folglich sind die Formen aus $F_{k,r}$, die die Darstellung

$$v\big(\mathfrak{z}_r(X)\big) = v^{\smallfrown}(X_r) = \sum \det(A'_r X_r)^k \quad mit \quad \det(A'_r A_r) = 0$$

besitzen, charakterisiert durch

$$\det\left(\frac{\partial}{\partial X_r},\ \frac{\partial}{\partial X_r}\right) v^{\smallfrown}(X_r) = 0. \quad (35)$$

Wir nennen diese Formen deshalb die *harmonischen* Formen vom Grad k auf G_r und bezeichnen die Gesamtheit dieser Formen mit $H_{k,r}$.

Ausgehend von der zweiten Darstellung der Formen vom Grad k auf G_r nach Satz 1' zeigen wir dann mit Hilfe von Satz 2 den zentralen Satz:

Satz 3. *Für* $r < n$ *gilt: Wenn* $H_{j,r}$ *für alle* j *eine Basis besitzt, die aus Eigenfunktionen von* $\mathfrak{R}$ *besteht, dann gilt:*

Eine Form $u\big(\mathfrak{z}_r(X)\big)$ *aus* $F_{k,r}$ *ist genau dann Eigenfunktion von* $\mathfrak{R}$, *wenn eine ganze Zahl* k_r $(0 \leq k_r \leq k/2)$ *existiert mit*

$$u\big(\mathfrak{z}_r(X)\big) = \big(\mathfrak{z}_r(X)'\,\mathfrak{z}_r(X)\big)^{k_r}\, v\big(\mathfrak{z}_r(X)\big), \quad (36)$$

wobei $v\big(\mathfrak{z}_r(X)\big) \in H_{k-2k_r,\,r}$ *Eigenfunktion von* $\mathfrak{R}$ *ist. Dabei bestimmt das Eigenwertsystem von* $u\big(\mathfrak{z}_r(X)\big)$ *bezüglich irgendeiner Basis von* $\mathfrak{R}$ *umkehrbar eindeutig* k_r *und das Eigenwertsystem von* $v\big(\mathfrak{z}_r(X)\big)$.

Die Voraussetzung, daß $H_{j,r}$ eine Basis besitzt, die aus Eigenfunktionen von $\mathfrak{R}$ besteht, ist erfüllt, denn nach Satz 2 reicht es, das für $r = 0$ nachzuweisen; für diesen Fall ist die Voraussetzung nach Lemma 1.4 erfüllt.

Wir formulieren den Satz in der oben angegebenen Form, da beim Induktionsbeweis des Zerlegungssatzes die Voraussetzungen aufgrund der Induktionsvoraussetzung erfüllt sein wird, so daß der Beweis auch einen Beweis von Lemma 1.4 mitliefert.

Den § 5 beschließt dann die Betrachtung des trivialen Falles $r = n$

Satz 4. *Im Fall $r = n$ ist jede Form aus $F_{k,n}$ Eigenfunktion von $\Re$. Dabei bestimmt k umkehrbar eindeutig das Eigenwertsystem.*

In § 6 geben wir zunächst eine Beziehung zwischen den harmonischen Formen auf G_r und den Formen auf G_{r+1} an:

Satz 5. *Für $r < n$ gilt.*

$$H_{k,r} = \mathrm{Lin}\left\{ u\big(\mathfrak{z}_{r+1}(UX)\big) \;/\; U \in \mathfrak{U}_r,\; u \in F_{k,r+1} \right\}. \tag{37}$$

Dabei ist

$$\mathfrak{U}_r = \left\{ U = U^{(m)} = \begin{pmatrix} E & 0 \\ 0 & U_0 \end{pmatrix} \Big/ E = E^{2r},\; U'U = E \right\} \tag{38}$$

gesetzt.

Wir setzen dann noch für ein festes $\mathfrak{a} \in G_n$

$$u_{k_r,\ldots,k_n}\big(\mathfrak{z}_r(X)\big) = \prod_{j=r}^{n} \big(\mathfrak{z}_j(X)'\,\mathfrak{z}_j(X)\big)^{k_j} (\mathfrak{a}'\,\mathfrak{z}_n)^{2k_n} \tag{39}$$

und

$$E_{k_r,\ldots,k_n} = \mathrm{Lin}\left\{ u_{k_r,\ldots,k_n}\big(\mathfrak{z}_r(UX)\big) \;/\; U \in \mathfrak{U}_r \right\}. \tag{40}$$

Durch vollständige Induktion nach r zeigen wir dann mit Hilfe der Sätze 1, 3, 4 und 5 den Satz 6, die erste Formulierung des Zerlegungssatzes:

Satz 6 (Zerlegungssatz auf G_r).

$$F_{k,r} = \sum E_{k_r,\ldots,k_n}, \tag{41}$$

wobei über alle Systeme $k_r,\ldots,k_n$ nicht-negativer Zahlen mit

$$k_j \equiv 0 \pmod{1} \quad \textit{für } j < n, \quad k_n \equiv \frac{k}{2} \pmod{1}, \quad \sum_{j=r}^{n} k = \frac{k}{2} \tag{42}$$

zu summieren ist, ist die direkte Zerlegung von $F_{k,r}$ in die Eigenräume von $\Re$.

In § 7 folgern wir schließlich aus diesem Satz (für $r = 0$) die Sätze 7 und 8.

In § 8, dem Anhang, stellen wir schließlich eine Beziehung zwischen dem Ring $\Re$ der bezüglich der Substitutionen

$$X \to UXV \quad \text{mit} \quad U'U = E \quad \text{und} \quad \det(V) \neq 0 \tag{33}$$

invarianten linearen Differentialoperatoren in $X = X^{(m,\,n)}$ und dem Ring $\mathfrak{L}$ der bezüglich der Substitutionen

$$Y \to Y[V] \quad \text{mit} \quad \det(V) \neq 0 \tag{43}$$

invarianten linearen Differentialoperatoren in der symmetrischen Variablenmatrix $Y = Y^{(n)}$ her.

Diese Beziehung gestattet es dann mit Hilfe einiger in [7] angegebener Hilfssätze unabhängig von der vorangehenden Betrachtung, den Satz 9 zu beweisen.

§ 2. Die Mannigfaltigkeit G_r

In diesem Paragraphen definieren wir zunächst für jede ganze Zahl r mit $0 \le r \le n$ eine Mannigfaltigkeit G_r und weisen dann nach, daß es sich dabei um eine Parameterdarstellung der komplexen homogenen Graßmann-Mannigfaltigkeit $G(m-2r, n-r)$ handelt. Die Bedeutung dieser Parameterdarstellung besteht darin, daß die Formen im allgemeinen Punkt von G_r genau die Formen in $X = X^{(m,\,n)}$ sind mit einer Homogenitätsforderung bezüglich einer zu konstruierenden auf $\mathbb{R}^{mn}$ operierenden Gruppe Γ_r.

a) Definition von G_r

Es sei

$$I_r = I_r^{(2r,\,r)} = (\delta_{\mu\,2\nu-1} + i\,\delta_{\mu\,2\nu}). \tag{1}$$

Ferner seien für jede Kombination

$$(\alpha) = (\alpha_1, \ldots, \alpha_{n-r}) \quad \text{mit} \quad 1 \le \alpha_1 < \cdots < \alpha_{n-r} \le m - 2r \tag{2}$$

die Matrizen $E_{r\alpha}$ und $L_{r\alpha}$ definiert durch

$$E_{r\alpha} = E_{r\alpha}^{(m-2r,\,n-r)} = (\delta_{\mu\,\alpha_\nu})$$

$$L_{r\alpha} = L_{r\alpha}^{(m,\,n)} = \begin{pmatrix} I_r & 0 \\ 0 & E_{r\alpha} \end{pmatrix}. \tag{3}$$

Sodann setzen wir für jede Matrix $A = A^{(m,\,n)}$

$$z_{r\alpha}(A) = \det(L'_{r\alpha} A)$$

$$\mathfrak{z}_r(A)' = (\ldots, z_{r\alpha}(A), \ldots). \tag{4}$$

Dann ist schließlich

$$G_r = \{\mathfrak{a}' = (\ldots, a_\alpha, \ldots) \neq 0 / \text{Es gibt } A \in \mathbb{C}^{mn} \text{ mit } \mathfrak{a} = \mathfrak{z}_r(A)\}. \tag{5}$$

Im Fall $r=0$ ist $\mathfrak{z}_0(A)$ der Vektor der n-reihigen Unterdeterminanten von $A=A^{(m,\,n)}$, d.h. $\mathfrak{z}_0(A)=\mathfrak{p}(A)$ stellt die Plückerkoordinaten des durch A definierten linearen Raumes dar. Also ist in diesem Fall

$$G_0 = G(m,\,n).$$

b) Beziehung zwischen G_r und $G(m-2r,\,n-r)\ (n>r)$

Ist $A=A^{(s,\,t)}$ mit $s>t$, so bezeichnet $\mathfrak{p}(A)$ den Vektor der (geordneten) t-reihigen Unterdeterminanten von A. Die Bezeichnung $\mathfrak{z}_0(A)$ verwenden wir nur im Fall $s=m$ und $t=n$.

Zunächst ist klar, daß jeder Punkt $\mathfrak{a}$ aus $G(m-2r,\,n-r)$ in G_r liegt, denn ist

$$\mathfrak{a}=\mathfrak{p}(B) \quad \text{mit} \quad B=B^{(m-2r,\,n-r)},$$

so setze man

$$A=\begin{pmatrix} J_r & 0 \\ 0 & B \end{pmatrix} \quad \text{mit} \quad J_r = J_r^{(2r,\,r)} = (\delta_{\mu\,2\nu-1});$$

dann ist ersichtlich

$$\mathfrak{z}_r(A) = \mathfrak{p}(B) = \mathfrak{a},$$

also liegt $\mathfrak{a}$ in G_r.

Umgekehrt liegt auch jeder Punkt $\mathfrak{a}$ aus G_r in $G(m-2r,\,n-r)$: Dazu brauchen wir nur zu zeigen, daß eine Matrix $X_r = X_r^{(m-2r,\,n-r)}$ derart existiert, daß

$$\mathfrak{z}_r(X) = \mathfrak{p}(X_r) \tag{6}$$

gilt, wenn $X=X^{(m,\,n)}$ die Variablenmatrix ist.

Wir setzen

$$X=\begin{pmatrix} X_{01} \\ X_{02} \end{pmatrix} \quad \text{mit} \quad X_{01} = X_{01}^{(2r,\,n)}.$$

Dann ist nach der Definition (4) von $z_{r\alpha}(X)$

$$z_{r\alpha}(X) = \left| \begin{pmatrix} I_r & 0 \\ 0 & E_{r\alpha} \end{pmatrix}' \begin{pmatrix} X_{01} \\ X_{02} \end{pmatrix} \right| = \left| \begin{pmatrix} I_r' & X_{01} \\ E_{r\alpha}' & X_{02} \end{pmatrix} \right|.$$

Da $\mathfrak{z}_r(X) \neq 0$ ist, sind die ersten r Zeilen der letzten Matrix linear unabhängig, d.h. der Rang der Matrix $I_r'X_{01}$ ist gleich r. Mithin gibt es eine Matrix $V_x = V_x^{(n)}$ mit $\det(V_x)=1$ (da $r<n$) derart, daß

$$I_r' X_{01} V_x = (E,\,0) \quad \text{mit} \quad E=E^{(r)} \tag{7}$$

gilt. Setzen wir dann noch

$$XV_x = \begin{pmatrix} Z_1 & Z_2 \\ Z_3 & X_r \end{pmatrix} \quad \text{mit} \quad Z_1 = Z_1^{(2r,\,r)}, \tag{8}$$

so zerfällt (7) in die beiden Gleichungen

$$I_r' Z_1 = E \quad \text{und} \quad I_r' Z_2 = 0. \tag{9}$$

Dann erhalten wir

$$z_{r\alpha}(X) = z_{r\alpha}(XV_x) = \left| \begin{pmatrix} I_r & 0 \\ 0 & E_{r\alpha} \end{pmatrix}' \begin{pmatrix} Z_1 & Z_2 \\ Z_3 & X_r \end{pmatrix} \right|$$

$$= \left| \begin{pmatrix} E & 0 \\ E_{r\alpha}' Z_3 & E_{r\alpha}' X_r \end{pmatrix} \right| = |E_{r\alpha}' X_r| = {\binom{\alpha_1,\,\ldots,\,\alpha_{n-r}}{1,\,\ldots,\,n-r}} X_r.$$

Das ist aber gleichbedeutend mit der Behauptung (6).

Damit ist gezeigt, daß G_r eine Parameterdarstellung der homogenen Graßmann-Mannigfaltigkeit $G(m-2r, n-r)$ ist.

Ist $A = A^{(m,\,n)}$ eine Matrix, für die $\mathfrak{z}_r(A)$ in G_r liegt (d.h. $\mathfrak{z}_r(A) \neq 0$), so bezeichne A_r stets die Spezialisierung von X_r mit

$$\mathfrak{p}(A_r) = \mathfrak{z}_r(A). \tag{10}$$

Diese Darstellung der Punkte aus G_r wird im Folgenden eine zentrale Rolle spielen.

c) Invariantentheoretische Charakterisierung von G_r $(n \geq r)$

Der Punkt $\mathfrak{z}_r(X)$ ist allgemeiner Punkt von G_r. Wir nennen u ein Polynom auf G_r, wenn u ein Polynom in den $z_{r\alpha}(X)$ ist.

Jedes Polynom auf G_r ist ein Polynom in den Elementen von X. Wir wollen eine Gruppe Γ_r konstruieren, die auf $\mathbb{R}^{mn}$ operiert, mit der folgenden Eigenschaft:

Ein Polynom in den Elementen von $X = X^{(m,\,n)}$ ist genau dann invariant bezüglich Γ_r, wenn es sich als Polynom auf G_r darstellen läßt.

Dazu benötigen wir einige Vorbemerkungen.

Wir betrachten zunächst die Gruppe

$$\Sigma = \left\{ S = S(s) = \begin{pmatrix} 1-is & s \\ s & 1+is \end{pmatrix} \text{ mit } s \in \mathbb{R} \right\} \tag{11}$$

mit der Matrizenmultiplikation als Verknüpfung. Die Relation

$$S(s) \cdot S(t) = S(s+t)$$

zeigt, daß Σ isomorph zur additiven Gruppe $\mathbb{R}$ ist. Σ operiere wie folgt auf $\mathbb{R}^2$:

Für $S \in \Sigma$ ist $S\begin{pmatrix} x \\ y \end{pmatrix}$ das Produkt der Matrix S mit der Spalte $\begin{pmatrix} x \\ y \end{pmatrix}$. Wir zeigen dann:

Lemma 2.1. *Ein Polynom in den reellen Variablen x und y ist genau dann invariant bezüglich Σ, wenn es als Polynom in $z = x + iy$ darstellbar ist.*

Beweis. Es sei

$$S\begin{pmatrix} x \\ y \end{pmatrix} = \begin{pmatrix} x^* \\ y^* \end{pmatrix}$$
$$x^* = (1 - is)\,x + sy, \qquad y^* = sx + (1 + is)\,y. \tag{12}$$

Daraus folgt unmittelbar

$$z^* = x^* + iy^* = x + iy = z$$
$$\bar{z}^* = x^* - iy^* = (1 - 2is)\,(x - iy)\,(1 - 2is)\,\bar{z}. \tag{13}$$

Das hat zunächst zur Folge, daß jedes Polynom in z — aufgefaßt als Polynom in x und y — invariant bezüglich Σ ist. Ist nun f ein Polynom in x und y, so ist

$$f(x, y) = g(z, \bar{z})$$

mit einem Polynom g in den Variablen z und $\bar{z}$.

Ist nun f invariant bezüglich Σ, so folgt aus der zweiten Gleichung in (13), daß g von $\bar{z}$ nicht abhängen kann. Also ist g ein Polynom in z. — Damit ist Lemma 2.1 bewiesen.

Als nächstes betrachten wir die Gruppe

$$\Sigma' = \left\{ S = \begin{pmatrix} S_1 & & \\ & \ddots & \\ & & S_r \end{pmatrix} \text{ mit } S_j \in \Sigma \text{ für } j = 1, \ldots, r \right\}. \tag{14}$$

Diese Gruppe operiere wie folgt auf $\mathbb{R}^{2rn}$:

Ist $S \in \Sigma'$ und $X = X^{(2r,\,n)}$, so ist SX das Matrizenprodukt von S und X.

Aus Lemma 2.1 erhalten wir unmittelbar

Lemma 2.2. *Ein Polynom in den Elementen der reellen Variablenmatrix $X = X^{(2r,\,n)}$ ist genau dann invariant bezüglich der Gruppe Σ', wenn es als ein Polynom in den Elementen der Matrix $I'_r X$ darstellbar ist.*

Nun sei $\mathbb{R}_+^x$ die multiplikative Gruppe der positiven reellen Zahlen und

$$\Gamma = \left\{ V = V^{(n)} \text{ mit } \det(V) = 1 \right\}. \tag{15}$$

Dann definieren wir die Gruppe

$$\Gamma_r = \Sigma^r \times \Gamma \times \mathbb{R}_+^x. \tag{16}$$

Diese Gruppe operiere im Fall $m \geq \max(n, 2r)$ auf $\mathbb{R}^{mn}$ wie folgt: Ist $\gamma \in \Gamma_r$, d.h. $\gamma = (S, V, t)$, so ist für $X = X^{(m,\,n)}$ definiert:

$$\gamma(X) = \begin{pmatrix} t^\varrho S & 0 \\ 0 & t^\sigma E \end{pmatrix} X V' \quad \text{mit} \quad \varrho = \frac{r-n}{n}, \quad \sigma = \frac{r}{n}. \tag{17}$$

Wir zeigen nun:

Lemma 2.3. *Ein Polynom in den Elementen der reellen Variablenmatrix $X = X^{(m,\,n)}$ mit $m \geq n$ ist genau dann invariant bezüglich der Gruppe Γ_r mit $r \leq m/2$, wenn es sich als Polynom in den $z_{r\alpha}(X)$ darstellen läßt.*

Bemerkung 1. Ist $m < n+r$ oder $n < r$, so ist $z_{r\alpha}(X)$ nicht definierbar. Für diese Fälle besagt das Lemma, daß es kein bezüglich Γ_r invariantes Polynom in den Elementen von $X = X^{(m,\,n)}$ gibt.

Wir wenden das Lemma nur für den Fall $m \geq 2n$ und $n \geq r$ an.

Bemerkung 2. Im Fall $r = 0$ ist die Invarianz bezüglich Γ_0 gleichbedeutend mit der Invarianz bezüglich der Substitution $X \to XV$ mit $\det(V) = 1$. In diesem Fall wird das Lemma als bekannt vorausgesetzt.

Beweis von Lemma 2.3. Ersichtlich ist für jede Kombination

$$(\alpha) = (\alpha_1, \ldots, \alpha_{n-r}), \quad 1 \leq \alpha_1 < \cdots < \alpha_{n-r} \leq m - 2r \tag{2}$$

$z_{r\alpha}(X)$, das durch

$$z_{r\alpha}(X) = \left| \begin{pmatrix} I_r & 0 \\ 0 & E_{r\alpha} \end{pmatrix}' X \right| \tag{4}$$

definiert ist, invariant bezüglich Γ_r, also ist jedes Polynom in den $z_{r\alpha}(X)$ ein bezüglich Γ_r invariantes Polynom in den Elementen von X.

Es sei nun $\hat{u}$ ein Polynom in den Elementen von X, das bezüglich Γ_r invariant ist.

Wir setzen dann wieder

$$X=\begin{pmatrix} X_{01} \\ X_{02} \end{pmatrix}, \quad X_{01}=X_{01}^{(2r,\,n)} \tag{18}$$

und

$$Z=Z^{(m-r,\,n)}=\begin{pmatrix} I_r' \, X_{01} \\ X_{02} \end{pmatrix}. \tag{19}$$

Betrachten wir $\hat{u}$ als Polynom in X_{01}, dessen Koeffizienten Polynome in den Elementen von X_{02} sind, so folgt aus Lemma 2.2 (mit X_{01} anstelle von X) wegen der Invarianz bezüglich der Untergruppe $\Sigma^r \times E \times 1$ von Γ_r, daß

$$\hat{u}(X)=u^*(Z) \tag{20}$$

gilt, wobei u^* ein Polynom in den Elementen von Z ist.

Da die Substitution $X \to XV$ für Z die Substitution $Z \to ZV$ liefert, folgt aus der Invarianz von $\hat{u}$ bezüglich der Untergruppe $E \times \Gamma \times 1$ von Γ_r, daß

$$u^*(ZV)=u^*(Z) \quad \text{für alle } V \text{ mit } \det(V)=1 \tag{21}$$

gilt. Mithin ist u^* als Polynom in den n-reihigen Unterdeterminanten von Z darstellbar, d.h., es gilt für $m>n+r$

$$u^*(Z)=u\big(\mathfrak{p}(Z)\big). \tag{22}$$

Schließlich liefert die Substitution

$$X \to \begin{pmatrix} t^\varrho \, E_2 & 0 \\ 0 & t^\sigma \, E \end{pmatrix} X, \quad t \in \mathbb{R}_+^\times, \quad \varrho=\frac{r-n}{n}, \quad \sigma=\frac{r}{n}, \tag{23}$$

wobei $E_2=E^{(2r)}$ gesetzt ist, für Z die Substitution

$$Z \to \begin{pmatrix} t^\varrho \, E_1 & 0 \\ 0 & t^\sigma \, E \end{pmatrix} Z, \tag{24}$$

wobei $E_1=E^{(r)}$ ist.

Es sei nun

$$(\beta)=(\beta_1,\,\ldots,\,\beta_n), \quad 1 \le \beta_1 < \cdots < \beta_n \le m-r \tag{25}$$

eine feste Kombination mit

$$\beta_h \le r \quad \text{und} \quad \beta_{h+1} > r, \tag{26}$$

dann führt die Substitution (23) zu

$$\mathfrak{p}_\beta(Z)=\begin{pmatrix} \beta_1, \ldots, \beta_n \\ 1, \ldots, n \end{pmatrix}_Z \to t^c \, \mathfrak{p}_\beta(Z) \tag{27}$$

mit

$$c = h\varrho + (n-h)\sigma = \frac{1}{n}\big(h(r-n) + (n-h)r\big) = r - h \geq 0. \quad (28)$$

Dabei ist $r - h \geq 0$ eine Folge der Definition (26) von h.

Aufgrund von (27) geht $u(\mathfrak{p}(Z))$ bei der Substitution (24) über in ein Polynom von t und $\mathfrak{p}(Z)$, das — wegen der Invarianz von $\hat{u}(X)$ bezüglich der Untergruppe $E \times E \times \mathbb{R}_+^x$ von Γ_r — unabhängig von t sein muß. Aufgrund von (27) kann dann $u(\mathfrak{p}(Z))$ von keinem $p_\beta(Z)$ abhängen, für das $c \neq 0$ ist; mithin kann u wegen (28) nur von solchen $p_\beta(Z)$ abhängen, für die $r = h$ ist; das ist aber nach der Definition (26) von h gleichwertig damit, daß $\beta_j = j$ für $j = 1, \ldots, r$ gilt (was nur im Fall $r \leq n$ möglich ist). Für solche Kombinationen (β) ist aber nach der Definition von $z_{r\alpha}(X)$ und Z

$$p_\beta(Z) = \left(^{1, \ \cdots, \ r, \ \beta_{r+1}, \ \cdots, \ \beta_n}_{1, \cdots, \ n}\right)_Z = z_{r\alpha}(X)$$

mit $\qquad\qquad\qquad\qquad\qquad\qquad\qquad\qquad\qquad (29)$

$$\alpha_j = \beta_{r+j} - r, \qquad j = 1, \ldots, n - r.$$

Folglich ist

$$u(\mathfrak{p}(Z)) = u(\mathfrak{z}_r(X)). \quad (30)$$

Aus (20), (22) und (30) folgt aber $\hat{u}(X) = u(\mathfrak{z}_r(X))$. Das ist aber die Behauptung. Damit ist Lemma 2.3 vollständig bewiesen.

Es sei $F_{k,r}$ der Vektorraum der Formen vom Grad k auf G_r, d.h., der Vektorraum der Polynome $u(\mathfrak{z}_r(X))$ auf G_r mit

$$u(s \cdot \mathfrak{z}_r(X)) = s^k u(\mathfrak{z}_r(X)), \qquad s \neq 0. \quad (31)$$

Nach Lemma 2.3 ist

$$u(\mathfrak{z}_r(X)) = \hat{u}(X),$$

wobei $\hat{u}(X)$ ein bezüglich Γ_r invariantes Polynom in den Elementen von X ist. Die Bedingung (31) ist gleichwertig mit

$$\hat{u}(XV) = \det(V)^k \hat{u}(X), \qquad \det(V) \neq 0. \quad (32)$$

Demnach sind die Formen aus $F_{k,r}$ spezielle Formen aus $F(m, n, k)$.

§ 3. Die Formen auf G_r

In diesem Paragraphen sollen eindeutige Darstellungen der Formen auf G_r angegeben werden (Satz 1). Grundlage hierzu ist der folgende Satz.

Allgemeiner Entwicklungssatz. *Es sei $\mathfrak{P}$ ein Polynomideal in $\mathbb{C}\,[\mathfrak{z}]$, das durch die reellen Formen $F_1(\mathfrak{z}), \ldots, F_t(\mathfrak{z})$ erzeugt wird, und für das*

$$\mathrm{Rad}\ \mathfrak{P} = \mathfrak{P} \tag{1}$$

gilt. Ferner sei die durch $\mathfrak{P}$ definierte komplexe algebraische Mannigfaltigkeit $\mathfrak{M}$ nicht leer. Dann läßt sich jedes Polynom $u(\mathfrak{z}) \in \mathbb{C}\,[\mathfrak{z}]$ als endliches Kompositum der Art

$$u(\mathfrak{z}) = \sum \prod_{j=1}^{t} \big(F_j(\mathfrak{z})\big)^{r_j} (\mathfrak{a}'\,\mathfrak{z})^{r_0}\ \ mit\ \ \mathfrak{a} \in \mathfrak{M} \tag{2}$$

darstellen. Ferner gilt:

In der Restklasse $u(\mathfrak{z})$ mod $\mathfrak{P}$ einer jeden Form $u(\mathfrak{z})$ vom Grad k gibt es genau eine Form $v(\mathfrak{z})$, die sich als endliche Summe der Art

$$v(\mathfrak{z}) = \sum (\mathfrak{a}'\,\mathfrak{z})^{k}\ \ mit\ \ \mathfrak{a} \in \mathfrak{M} \tag{3}$$

darstellen läßt.

Dieser Satz wurde in [5], S. 143—145, bewiesen; außerdem wurde dort der Satz 1 für den Fall $r = 0$ daraus gefolgert. Hier wird das dort benutzte Verfahren auf den Fall, daß r eine beliebige ganze Zahl zwischen 0 und n (einschließlich) ist, übertragen. Dazu braucht nur nachgewiesen zu werden, daß das die algebraische Mannigfaltigkeit G_r definierende Polynomideal $\mathfrak{P}_r$ und ein noch zu konstruierendes, $\mathfrak{P}_r$ umfassendes Polynomideal $\mathfrak{P}_r^+$ den Voraussetzungen des Allgemeinen Entwicklungssatzes genügt.

Da die Mannigfaltigkeit G_r eine Parameterdarstellung der homogenen Graßmann-Mannigfaltigkeit ist, erfüllt das G_r definierende Polynomideal $\mathfrak{P}_r$ die Voraussetzungen des Allgemeinen Entwicklungssatzes (s. etwa [1]: die $\mathfrak{P}_r$ erzeugenden Formen erhält man aus den „quadratischen p-Relationen"; $\mathfrak{z}_r(X)$ ist allgemeiner Punkt von G_r, also ist G_r eine irreduzible algebraische Mannigfaltigkeit, mithin ist $\mathfrak{P}_r$ Primideal, erfüllt also die Bedingung (1)). Aus dem Allgemeinen Entwicklungssatz erhalten wir dann:

Satz 1a. *Die Formen aus $F_{k,r}$, d.h. die Formen vom Grad k auf G_r, besitzen eine Darstellung als endliche Summen der Art*

$$u\big(\mathfrak{z}_r(X)\big) = \sum \big(\mathfrak{a}'\,\mathfrak{z}_r(X)\big)^{k}\ \ mit\ \ \mathfrak{a} \in G_r. \tag{4}$$

Als nächstes betrachten wir das Polynomideal

$$\mathfrak{P}_r^+ = (\mathfrak{z}_r'\,\mathfrak{z}_r,\ \mathfrak{P}_r). \tag{5}$$

Zunächst ist klar, daß $\mathfrak{P}_r^+$ durch Formen mit reellen Koeffizienten erzeugt wird, von denen keine konstant ist.

Es bleibt noch zu zeigen, daß

$$\operatorname{Rad}\mathfrak{P}_r^+ = \mathfrak{P}_r^+ \tag{6}$$

gilt. Dazu benötigen wir den folgenden Hilfssatz.

Lemma 3.1. *Für* $r < n$ *ist* $f(X) = \mathfrak{z}_r(X)' \, \mathfrak{z}_r(X)$ *irreduzibel.*

Beweis durch vollständige Induktion nach n:

Für $n = 1$ ist $r = 0$; dann ist $f(X)$ die Quadratsumme von m ($m \geq 2$) reellen Unbestimmten, ist also irreduzibel.

Nun sei $n \geq 2$ und das Lemma gelte für $n - 1$.

Im Fall $r = 0$ ist

$$f(X) = \sum_\alpha \left({}^{\alpha_1, \ldots, \alpha_n}_{\,1, \ldots, n}\right)^2_X .$$

Spezialisieren wir dann

$$X \to X^- = \begin{pmatrix} 1 & * \\ 0 & Z \end{pmatrix} \quad \text{mit} \quad Z = Z^{(m-1,\, n-1)}, \tag{7}$$

so erhalten wir

$$f(X^-) = \sum_\alpha \left({}^{\alpha_1, \ldots, \alpha_{n-1}}_{\,1, \ldots, n-1}\right)^2_Z = \mathfrak{z}_0(Z)' \, \mathfrak{z}_0(Z) .$$

Das ist nach Induktionsvoraussetzung irreduzibel (denn $n \geq 2$). Im Fall $r \neq 0$ schreiben wir die Spezialisierung (7) so:

$$X \to X^- = \begin{pmatrix} 1 & * \\ 0 & * \\ 0 & Y \end{pmatrix} \quad \text{mit} \quad Y = Y^{(m-2,\, n-1)}. \tag{8}$$

Nach Definition ist

$$f(X) = \sum_\alpha \left| \begin{pmatrix} I_r & 0 \\ 0 & E_{r\alpha} \end{pmatrix}' X \right|^2 .$$

Daraus ergibt sich unmittelbar

$$f(X^-) = \mathfrak{z}_{r-1}(Y)' \, \mathfrak{z}_{r-1}(Y) .$$

Da Y nur $n - 1$ Spalten hat und $r - 1 < n - 1$ ist, ist auch in diesem Fall $(r \neq 0)$ $f(X^-)$ nach Induktionsvoraussetzung irreduzibel. Angenommen $f(X)$ ist reduzibel, dann sei

$$f(X) = g(X) \cdot h(X) \tag{9}$$

eine nicht-triviale Zerlegung von $f(X)$.

Da $f(X^-)$ irreduzibel ist, sei ohne Einschränkung

$$f(X^-) = g(X^-) \quad \text{und} \quad h(X^-) = 1. \tag{10}$$

Folglich ist grad $g(X) \geq 2(n-1)$, also gilt

$$\operatorname{grad} h(X) \leq 2. \tag{11}$$

Ferner folgt aus (10), daß $g(X)$ in den letzten $n-1$ Spalten von X homogen vom Grad 2 ist — genau wie $f(X)$. Also kann $h(X)$ von diesen Spalten nicht abhängen, so daß $h(X)$ ein Polynom in den Elementen der ersten Spalte von X sein muß.

Da $f(X)$ beim Vertauschen der Spalten von X invariant bleibt, folgt: Wenn eine Zerlegung von $f(X)$ existiert, dann ist sie von der folgenden Form:

$$f(X) = \prod_{j=1}^{n} h(\mathfrak{x}_j) \cdot k(X) \quad \text{mit} \quad \operatorname{grad} h(\mathfrak{x}) \leq 2, \tag{12}$$

wobei $\mathfrak{x}_j$ die j-te Spalte von X bezeichnet.

Angenommen grad $h(\mathfrak{x}) = 2$.

Dann ist grad $k(X) = 0$, also ohne Einschränkung $k(X) = 1$. Setzen wir dann $\mathfrak{x}_j = \mathfrak{x}$ für alle j, so verschwindet $f(X)$, da $n \geq 2$ ist; wir erhalten dann aus (12)

$$0 = h(\mathfrak{x})^n \quad \text{identisch in } \mathfrak{x}.$$

Das widerspricht aber der Annahme grad $h(\mathfrak{x}) = 2$.

Demnach muß grad $h(\mathfrak{x}) = 1$ sein.

Aus der Spezialisierung $X \to X^-$ folgt — wie wir oben gezeigt haben —, daß ein irreduzibler Faktor vom Grad $2(n-1) \geq 2$, da $n \geq 2$ ist, auftreten muß. Dieser kann — wegen grad $h(\mathfrak{x}) = 1$ — nur gleich $k(X)$ sein. Also gilt

$$f(X^-) = k(X^-).$$

Daraus folgt aber — wie oben —, daß

$$h(\mathfrak{x}_j) = 1 \quad \text{für } j = 2, \ldots, n$$

gelten muß. Da $n \geq 2$ ist, widerspricht das der Annahme grad $h(\mathfrak{x}) = 1$. Damit ist das Lemma 3.1 vollständig bewiesen.

Nun zeigen wir, daß das Polynomideal

$$\mathfrak{P}_r^+ = (\mathfrak{z}_r' \, \mathfrak{z}_r, \, \mathfrak{P}_r) \tag{5}$$

der Bedingung

$$\operatorname{Rad} \mathfrak{P}_r^+ = \mathfrak{P}_r^+ \tag{6}$$

genügt.

Es sei $u(\mathfrak{z}_r)$ ein Polynom aus $\operatorname{Rad} \mathfrak{P}_r^+$.

Nach der Definition des Radikals gibt es eine natürliche Zahl p derart, daß $u(\mathfrak{z}_r)^p$ in $\mathfrak{P}_r^+$ liegt. Folglich gibt es nach (5) ein Polynom $w(\mathfrak{z}_r)$ mit

$$u(\mathfrak{z}_r)^p \equiv \mathfrak{z}_r' \, \mathfrak{z}_r \, w(\mathfrak{z}_r) \bmod \mathfrak{P}_r. \tag{13}$$

Das ist aber nach Konstruktion von $\mathfrak{P}_r$ gleichwertig mit

$$u\big(\mathfrak{z}_r(X)\big)^p = \mathfrak{z}_r(X)' \, \mathfrak{z}_r(X) \, w\big(\mathfrak{z}_r(X)\big). \tag{14}$$

Ist nun $w\big(\mathfrak{z}_r(X)\big) = 0$, so verschwindet $u(\mathfrak{z}_r)$ auf G_r, liegt also in $\mathfrak{P}_r$, also erst recht in $\mathfrak{P}_r^+$.

Ist $w\big(\mathfrak{z}_r(X)\big) \neq 0$, so betrachten wir die in (14) auftretenden Polynome als Polynome in den Elementen von X; dann gibt es nach Lemma 3.1 ein Polynom $\hat{v}(X)$ mit

$$u\big(\mathfrak{z}_r(X)\big) = \mathfrak{z}_r(X)' \, \mathfrak{z}_r(X) \, \hat{v}(X). \tag{15}$$

Da nach Lemma 2.3 $u\big(\mathfrak{z}_r(X)\big)$ und $\mathfrak{z}_r(X)' \, \mathfrak{z}_r(X)$ — beide aufgefaßt als Polynome in den Elementen von X — invariant bezüglich der Gruppe Γ_r sind, ist auch $\hat{v}(X)$ invariant bezüglich Γ_r, läßt sich also nach Lemma 2.3 als Polynom in $\mathfrak{z}_r(X)$ darstellen, d.h.,

$$\hat{v}(X) = v\big(\mathfrak{z}_r(X)\big)$$

mit einem Polynom v. Aus (15) erhalten wir dann

$$u\big(\mathfrak{z}_r(X)\big) - \mathfrak{z}_r(X)' \, \mathfrak{z}_r(X) \, v\big(\mathfrak{z}_r(X)\big) = 0. \tag{16}$$

Das bedeutet aber, daß das Polynom $u(\mathfrak{z}_r) - \mathfrak{z}_r' \, \mathfrak{z}_r \, v(\mathfrak{z}_r)$ in $\mathfrak{P}_r$ liegt; nach Konstruktion von $\mathfrak{P}_r^+$ ist das aber gleichwertig mit $u(\mathfrak{z}_r) \in \mathfrak{P}_r^+$. Also gilt für $r < n$ $\operatorname{Rad} \mathfrak{P}_r^+ = \mathfrak{P}_r^+$.

Damit haben wir gezeigt, daß für $r < n$ das Polynomideal $\mathfrak{P}_r^+$ allen Voraussetzungen des Allgemeinen Entwicklungssatzes genügt. Dann liefert dieser Satz

Satz 1b. *Für $r < n$ gilt:*

Die Formen aus $F_{k,r}$ besitzen eine eindeutige Darstellung als endliche Summen der Art

$$u\big(\mathfrak{z}_r(X)\big) = \sum_{k_r=0}^{[k/2]} \big(\mathfrak{z}_r(X)' \, \mathfrak{z}_r(X)\big)^{k_r} \, v_{k-2k_r}\big(\mathfrak{z}_r(X)\big), \tag{17}$$

dabei ist jedes $v_h\left(\mathfrak{z}_r(X)\right)$ als endliche Summe der Art

$$v_h\left(\mathfrak{z}_r(X)\right) = \sum \left(\mathfrak{a}'\,\mathfrak{z}_r(X)\right)^h \quad \textit{mit } \mathfrak{a}\in G_r,\, \mathfrak{a}'\,\mathfrak{a}=0 \qquad (18)$$

darstellbar. $[k/2]$ *bezeichnet dabei wie üblich die größte natürliche Zahl, die kleiner oder gleich $k/2$ ist.*

(Die Eindeutigkeit der Darstellung (17) ist eine Folge des zweiten Teils des Allgemeinen Entwicklungssatzes. Wir werden sie später (in § 5) wesentlich benutzen!)

Nun wollen wir den Satz 1 noch so formulieren, daß die Analogie zum Fall $r=0$ deutlicher hervortritt.

Es sei wieder $X_r = X_r^{(m-2r,\,n-r)}$ die in § 2 konstruierte Matrix, d.h. $\mathfrak{p}(X_r)$ ist der allgemeine Punkt von $G(m-2r,\,n-r)$ mit

$$\mathfrak{p}(X_r) = \mathfrak{z}_r(X).$$

Nun gilt bekanntlich

$$\mathfrak{p}(A_r)'\,\mathfrak{p}(B_r) = \det(A_r'\,B_r). \qquad (19)$$

Damit erhalten wir die folgende zu Satz 1 äquivalente Aussage

Satz 1′. *Für $r < n$ gilt:*

Die Formen aus $F_{k,r}$ sind die endlichen Summen der Art

$$u\left(\mathfrak{z}_r(X)\right) = u^{\hat{}}(X_r) = \sum \det(A_r'X_r)^k. \qquad (20)$$

Sie lassen sich auch eindeutig darstellen als

$$u^{\hat{}}(X_r) = \sum_{k_r=0}^{\lfloor k/2\rfloor} \det(X_r'X_r)^{k_r}\, v^{\hat{}}_{k-2k_r}(X_r), \qquad (21)$$

dabei ist jedes $v^{\hat{}}_h(X_r)$ eine endliche Summe der Art

$$v^{\hat{}}_h(X_r) = \sum \det(A_r'X_r)^h \quad \textit{mit} \quad \det(A_r'A_r)=0. \qquad (22)$$

Nun sollen noch zwei Hilfssätze bewiesen werden, die wir in § 5 benötigen, um die Wirkung der Operatoren aus $\mathfrak{R}$ auf die Formen $u^{\hat{}}(X_r)$ zu ermitteln.

Wir setzen dazu

$$\tilde{A} = \begin{pmatrix} I_r & 0 \\ 0 & A_r \end{pmatrix}, \quad \tilde{A} = \tilde{A}^{(m,\,n)}; \qquad (23)$$

und zeigen zunächst

Lemma 3.2.

$$\det(\tilde{A}'X) = \det(A_r'X_r).$$

Beweis. Es sei wieder V_x die bei der Konstruktion von X_r benutzte Matrix, d.h., V_x ist eine feste — von X abhängige — Matrix mit $\det(V_x) = 1$ und

$$X V_x = \begin{pmatrix} Z_1 & Z_2 \\ Z_3 & X_r \end{pmatrix}, \quad Z_1 = Z_1^{(2r,\, r)} \tag{24}$$

$$I_r' Z_1 = E \quad \text{und} \quad I_r' Z_2 = 0.$$

Dann ist

$$\tilde{A}' X V_x = \begin{pmatrix} I_r & 0 \\ 0 & A_r \end{pmatrix}' \begin{pmatrix} Z_1 & Z_2 \\ Z_3 & X_r \end{pmatrix} = \begin{pmatrix} E & 0 \\ A_r' Z_3 & A_r' X_r \end{pmatrix}. \tag{25}$$

Daraus folgt aber die Behauptung von Lemma 3.2 unmittelbar.

Nun sei für eine quadratische Matrix $Q = Q^{(s)}$ über einem kommutativen Ring

$$\det(Et - Q) = \sum_{h=0}^{s} (-1)^h \, q_h(Q) \, t^{s-h} \tag{26}$$

definiert, d.h., die Funktionen $q_h(Q)$ sind die elementarsymmetrischen Funktionen von Q.

Dann gilt:

Lemma 3.3. *Für $h > n - r$ gilt:*

$$q_h\big(X(\tilde{A}' X)^{-1} \tilde{A}' \tilde{A} (X' \tilde{A})^{-1} X'\big) = 0. \tag{27}$$

Für $h \leq n - r$ gilt:

$$\begin{aligned}
q_h\big(X(\tilde{A}' X)^{-1} \tilde{A}' \tilde{A} (X' \tilde{A})^{-1} X'\big) \\
= q_h\big(X_r (A_r' X_r)^{-1} A_r' A_r (X_r' A_r)^{-1} X_r'\big).
\end{aligned} \tag{28}$$

Beweis. Zunächst ist nach der Definition (23) von $\tilde{A}$

$$\tilde{A}' \tilde{A} = \begin{pmatrix} I_r & 0 \\ 0 & A_r \end{pmatrix}' \begin{pmatrix} I_r & 0 \\ 0 & A_r \end{pmatrix} = \begin{pmatrix} 0 & 0 \\ 0 & A_r \end{pmatrix}' \begin{pmatrix} 0 & 0 \\ 0 & A_r \end{pmatrix}. \tag{29}$$

Daraus folgt, daß die Matrix $Q = X(\tilde{A}' X)^{-1} \tilde{A}' \tilde{A} (X' \tilde{A})^{-1} X'$ höchstens den Rang $n - r$ hat, so daß für $h > n - r$ jede h-reihige Unterdeterminante von Q verschwindet; daraus folgt aber (27).

Aus (25) erhalten wir nun noch

$$(\tilde{A}' X V_x)^{-1} = \begin{pmatrix} E & 0 \\ -C_r Z_3 & (A_r' X_r)^{-1} \end{pmatrix}, \tag{30}$$

wobei zur Abkürzung

$$C_r = (A_r' X_r)^{-1} A_r' \tag{31}$$

gesetzt ist. Das liefert dann

$$X(\tilde{A}'X)^{-1}\begin{pmatrix} 0 & 0 \\ 0 & A_r \end{pmatrix}' = XV_x(\tilde{A}'XV_x)^{-1}\begin{pmatrix} 0 & 0 \\ 0 & A_r \end{pmatrix}$$

$$= \begin{pmatrix} Z_1 & Z_2 \\ Z_3 & X_r \end{pmatrix}\begin{pmatrix} E & 0 \\ -C_rZ_3 & (A_r'X_r)^{-1} \end{pmatrix}\begin{pmatrix} 0 & 0 \\ 0 & A_r \end{pmatrix}' \qquad (32)$$

$$= \begin{pmatrix} 0 & Z_2C_r \\ 0 & X_rC_r \end{pmatrix}.$$

Nach der letzten Gleichung in (24) gilt $I_r'Z_2 = 0$; das bedeutet aber, daß die $2s$-te Zeile von Z_2 gleich dem i-fachen der voranstehenden Zeile ist ($s = 1, \ldots, r$). Mithin gilt

$$Z_2'Z_2 = 0. \qquad (33)$$

Aus den Gln. (29), (31), (32) und (33) erhalten wir dann schließlich für $h \leqq n - r$ die Beziehung

$$q_h\left(X(\tilde{A}'X)^{-1}\tilde{A}'\tilde{A}(X'\tilde{A})^{-1}X'\right)$$

$$= q_h\left(X(\tilde{A}'X)^{-1}\begin{pmatrix} 0 & 0 \\ 0 & A_r \end{pmatrix}'\begin{pmatrix} 0 & 0 \\ 0 & A_r \end{pmatrix}(X'\tilde{A})^{-1}X'\right)$$

$$= q_h\left(\begin{pmatrix} 0 & Z_2C_r \\ 0 & X_rC_r \end{pmatrix}'\begin{pmatrix} 0 & Z_2C_r \\ 0 & X_rC_r \end{pmatrix}\right)$$

$$= q_h(C_r'Z_2'Z_2C_r + C_r'X_r'X_rC_r) = q_h(C_r'X_r'X_rC_r)$$

$$= q_h(X_rC_rC_r'X_r') = q_h\left(X_r(A_r'X_r)^{-1}A_r'A_r(X_r'A_r)^{-1}X_r'\right).$$

Das ist aber genau die Behauptung (28) von Lemma 3.3.

§ 4. Die verallgemeinerte Capelli-Identität

Es sei (vorübergehend)

$$X = X^{(n)}.$$

$\mathfrak{x}_j$ bzw. $\partial/\partial\mathfrak{x}_j$ bezeichne die j-te Spalte von X bzw. von $\partial/\partial X$. Wir setzen dann

$$D_\mu^\nu = \mathfrak{x}_\mu' \frac{\partial}{\partial\mathfrak{x}_\nu}. \qquad (1)$$

Werden die Spalten $\mathfrak{x}_{\mu_i}$ bei der Bildung der Operatorenprodukte

$$D_{\mu_1}^{\nu_1} D_{\mu_2}^{\nu_2} \ldots D_{\mu_h}^{\nu_h}$$

als konstant angesehen, so entsteht ein neuer Operator, den wir mit

$$T_{\mu_1}^{\nu_1} T_{\mu_2}^{\nu_2} \dots T_{\mu_h}^{\nu_h} = \prod_{r=1}^{h} T_{\mu_r}^{\nu_r}$$

bezeichnen. Offenbar ist

$$\prod_{r=1}^{h} T_{\mu_r}^{\nu_r} = \mathfrak{x}'_{\mu_1}\left(\mathfrak{x}'_{\mu_2}\left(\dots\left(\mathfrak{x}'_{\mu_h}\frac{\partial}{\partial \mathfrak{x}_{\nu_h}}\right)\dots\right)\frac{\partial}{\partial \mathfrak{x}_{\nu_2}}\right)\frac{\partial}{\partial \mathfrak{x}_{\nu_1}}. \tag{2}$$

Man bestätigt leicht die Identität

$$D_{\mu}^{\nu} T_{\alpha}^{\beta} = D_{\mu}^{\nu} D_{\alpha}^{\beta} = T_{\mu}^{\nu} T_{\alpha}^{\beta} + \delta_{\nu\alpha} T_{\mu}^{\beta}$$

und allgemeiner

$$D_{\mu_1}^{\nu_1} \prod_{r=2}^{h} T_{\mu_r}^{\nu_r} = \prod_{r=1}^{h} T_{\mu_r}^{\nu_r} + \sum_{s=2}^{h} \delta_{\mu_s \nu_1} T_{\mu_1}^{\nu_s} \prod_{r \neq 1,\, s}^{h} T_{\mu_r}^{\nu_r}. \tag{3}$$

Es seien nun $1 \le \mu_1 < \cdots < \mu_h \le n$ und $1 \le \nu_1 < \cdots < \nu_h \le n$ feste Kombinationen. Ferner sei $\lambda_1, \dots, \lambda_h$ eine Permutation von $\mu_1, \dots, \mu_h$ und $\varepsilon_{\lambda_1, \dots, \lambda_h}^{\mu_1, \dots, \mu_h}$ ihr Vorzeichen. Dann ergibt sich aus (3)

$$\sum_{\lambda_1, \dots, \lambda_h} \varepsilon_{\lambda_1, \dots, \lambda_h}^{\mu_1, \dots, \mu_h} D_{\lambda_1}^{\nu_1} \prod_{r=2}^{h} T_{\lambda_r}^{\nu_r} = \sum_{\lambda_1, \dots, \lambda_h} \varepsilon_{\lambda_1, \dots, \lambda_h}^{\mu_1, \dots, \mu_h} \prod_{r=1}^{h} T_{\lambda_r}^{\nu_r}$$
$$+ \sum_{s=2}^{h} \sum_{\lambda_1, \dots, \lambda_h} \varepsilon_{\lambda_1, \dots, \lambda_h}^{\mu_1, \dots, \mu_h} \delta_{\nu_1 \lambda_s} T_{\lambda_1}^{\nu_s} \prod_{r \neq 1,\, s}^{h} T_{\lambda_r}^{\nu_r}. \tag{4}$$

Vertauscht man in der Doppelsumme λ_1 und λ_s, so geht sie über in

$$-(h-1) \sum_{\lambda_1, \dots, \lambda_h} \varepsilon_{\lambda_1, \dots, \lambda_h}^{\mu_1, \dots, \mu_h} \delta_{\nu_1 \lambda_1} \prod_{r=2}^{h} T_{\lambda_r}^{\nu_r}.$$

Setzen wir dann

$$D_{\mu_i}^{*\,\nu_1} = D_{\mu_i}^{\nu_1} + (h-1)\,\delta_{\mu_i \nu_1}, \tag{5}$$

so erhalten wir aus (4) die Identität

$$\begin{vmatrix} D_{\mu_1}^{*\,\nu_1} & T_{\mu_1}^{\nu_2} & \dots & T_{\mu_1}^{\nu_h} \\ \vdots & \vdots & & \vdots \\ D_{\mu_h}^{*\,\nu_1} & T_{\mu_h}^{\nu_2} & \dots & T_{\mu_h}^{\nu_h} \end{vmatrix} = \begin{vmatrix} T_{\mu_1}^{\nu_1} & T_{\mu_1}^{\nu_2} & \dots & T_{\mu_1}^{\nu_h} \\ \vdots & \vdots & & \vdots \\ T_{\mu_h}^{\nu_1} & T_{\mu_h}^{\nu_2} & \dots & T_{\mu_h}^{\nu_h} \end{vmatrix}. \tag{6}$$

Hierbei beachte man die Definition der Determinante einer Matrix über einem nicht-kommutativen Ring in § 1a. Aus (6) ergibt sich durch vollständige Induktion

$$\det\left(D_{\mu_i}^{*\,\nu_k}\right) = \det\left(T_{\mu_i}^{\nu_k}\right) \tag{7}$$

mit

$$D_{\mu_i}^{*\,\nu_k} = D_{\mu_i}^{\nu_k} + (h-k)\,\delta_{\mu_i \nu_k}, \tag{8}$$

wobei der Zeilenindex i und der Spaltenindex k die Zahlenreihe $1, \ldots, h$ durchläuft. Diese Vereinbarung wird im Folgenden beibehalten.

Da nach Definition (1)

$$\det(D^{\nu k}_{\mu i}) = \binom{\mu_1, \ldots, \mu_h}{\nu_1, \ldots, \nu_h}_{X' \, \partial/\partial X}$$

gilt, folgt

$$\det(T^{\nu k}_{\mu i}) = \sum_{1 \leq \varrho_1 < \cdots < \varrho_h \leq m} \binom{\varrho_1, \ldots, \varrho_h}{\mu_1, \ldots, \mu_h}_X \binom{\varrho_1, \ldots, \varrho_h}{\nu_1, \ldots, \nu_h}_{\partial/\partial X}, \tag{9}$$

also auch

$$\binom{\mu_1, \ldots, \mu_h}{\nu_1, \ldots, \nu_h}_{\partial/\partial X} = \sum_{1 \leq \varrho_1 < \cdots < \varrho_h \leq m} \binom{\varrho_1, \ldots, \varrho_h}{\mu_1, \ldots, \mu_h}_{X^{-1}} \det(T^{\nu k}_{\varrho i}). \tag{10}$$

Bekanntlich ist

$$\binom{\mu_1, \ldots, \mu_h}{\nu_1, \ldots, \nu_h}_{A^{-1}} = \det(A)^{-1} \, \overline{\binom{\nu_1, \ldots, \nu_h}{\mu_1, \ldots, \mu_h}}_A, \tag{11}$$

wenn $\overline{\binom{\mu_1, \ldots, \mu_h}{\nu_1, \ldots, \nu_h}}_A$ das algebraische Komplement von $\binom{\mu_1, \ldots, \mu_h}{\nu_1, \ldots, \nu_h}_A$ in $\det(A)$ bezeichnet.

Aus (7) und (10) erhalten wir dann aufgrund von (11) die

Allgemeine Capelli-Identität

Für $X = X^{(n)}$ gilt

$$\binom{\mu_1, \ldots, \mu_h}{\nu_1, \ldots, \nu_h}_{\partial/\partial X} = \det(X)^{-1} \sum_{1 \leq \varrho_1 < \cdots < \varrho_h \leq m} \overline{\binom{\mu_1, \ldots, \mu_h}{\varrho_1, \ldots, \varrho_h}}_X \det(D^{*\,\nu k}_{\varrho i}). \tag{12}$$

In [8] ist diese Identität für den Fall $h = n$ gezeigt. In [6] ist ein Beweis für eine Operatorenidentität angegeben, die dieser im Fall einer symmetrischen Variablenmatrix entspricht.

Aufgrund der Vertauschungsrelation

$$D^\nu_\mu \det(X)^r = \det(X)^r \left\{ D^\nu_\mu + r\,\delta_{\mu\nu} \right\} \tag{13}$$

und der Definition (8) von $D^{*\,\nu k}_{\mu i}$ gilt dann

$$D^{*\,\nu k}_{\mu i} \det(X)^r = \det(X)^r \left\{ D^{\nu k}_{\mu i} + (r + h - k) \right\}. \tag{14}$$

Damit erhalten wir aber aus der Capelli-Identität (12)

Korollar 4.1. *Sei $X = X^{(n)}$. Dann gilt für jede natürliche Zahl r*

$$\binom{\mu_1, \ldots, \mu_h}{\nu_1, \ldots, \nu_h}_{\partial/\partial X} \det(X)^r = \frac{(r + h - 1)!}{(r - 1)!} \, \overline{\binom{\mu_1, \ldots, \mu_h}{\nu_1, \ldots, \nu_h}}_X \det(X)^{r-1}. \tag{15}$$

Nur zum Beweis dieser Gleichung wird die Capelli-Identität verwendet. In [2] ist ein anderer Beweis von (15) für den Fall $h = n$ angegeben.

Nun sei wieder $X = X^{(m,\,n)}$ und

$$\Delta = X'X\,\frac{\partial}{\partial X'}\,\frac{\partial}{\partial X}\,.$$

Wir definieren dann die elementarsymmetrischen Funktionen von Δ durch

$$q_h(\Delta) = \sum \binom{\alpha_1,\,\ldots,\,\alpha_h}{\varrho_1,\,\ldots,\,\varrho_h}X\,\binom{\alpha_1,\,\ldots,\,\alpha_h}{\sigma_1,\,\ldots,\,\sigma_h}X\,\binom{\beta_1,\,\ldots,\,\beta_h}{\sigma_1,\,\ldots,\,\sigma_h}\partial/\partial X\,\binom{\beta_1,\,\ldots,\,\beta_h}{\varrho_1,\,\ldots,\,\varrho_h}\partial/\partial X\,, \qquad (16)$$

wobei über alle Kombinationen $1 \leqq \alpha_1 < \cdots < \alpha_h \leqq m$, $1 \leqq \beta_1 < \cdots < \beta_h \leqq m$, $1 \leqq \varrho_1 < \cdots < \varrho_h \leqq n$ und $1 \leqq \sigma_1 < \cdots < \sigma_h \leqq n$ zu summieren ist. Wir zeigen nun

Korollar 4.2. *Ist $A = A^{(m,\,n)}$ mit* $\mathrm{rg}\,A = n$ *und k eine natürliche Zahl, dann gilt*

$$q_h(\Delta)\,|A'X|^k = c_{h,k}\cdot c_{h,k-1}\,q_h\big(X(A'X)^{-1}A'A(X'A)^{-1}X'\big)|A'X|^k \qquad (17)$$

$$c_{h,k} = \frac{(k+h-1)!}{(k-1)!} \quad \text{und} \quad c_{h,0} = 0. \qquad (18)$$

Die Gl. (17) spielt eine zentrale Rolle beim Beweis von Satz 2; sie ist eine Folge von (15) mit k anstelle von r.

Da beide Seiten in (17) analytische Funktionen in A sind, reicht es, (17) für reelle A nachzuweisen. Wegen der Invarianz der Operatoren $q_h(\Delta)$ bezüglich der Substitution

$$X \to UXV \quad \text{mit} \quad U'U = E \quad \text{und} \quad \det(V) \neq 0$$

reicht es dann, die Behauptung (17) für $A = \begin{pmatrix} E \\ 0 \end{pmatrix}$ zu zeigen. Setzen wir dann wieder

$$X = \begin{pmatrix} X_{01} \\ X_{02} \end{pmatrix} \quad \text{mit} \quad X_{01} = X_{01}^{(n)},$$

so lautet die Behauptung (17) mit $A = \begin{pmatrix} E \\ 0 \end{pmatrix}$

$$q_h(\Delta)\,|X_{01}|^k = c_{h,k}\cdot c_{h,k-1}\,q_h(XX_{01}^{-1}X_{01}^{-1}{}'X')\,|X_{01}|^k. \qquad (19)$$

Da X_{01} nur von den ersten n Zeilen von X abhängt, gilt

$$\binom{\beta_1,\,\ldots,\,\beta_h}{\varrho_1,\,\ldots,\,\varrho_h}\partial/\partial X\,|X_{01}|^k = 0, \quad \text{wenn ein } \beta_j > n \text{ ist}.$$

Nun sei $1 \leqq \beta_1 < \cdots < \beta_h \leqq n$. Dann gilt aufgrund von Korollar 4.1

$$\binom{\beta_1,\,\ldots,\,\beta_h}{\varrho_1,\,\ldots,\,\varrho_h}\partial/\partial X\,|X_{01}|^k = c_{h,k}\overline{\binom{\beta_1,\,\ldots,\,\beta_h}{\varrho_1,\,\ldots,\,\varrho_h}}X_{01}\,|X_{01}|^{k-1}.$$

Da die rechts stehende Unterdeterminante von X_{01} von den Zeilen mit den Indizes $\beta_1, \ldots, \beta_h$ nicht abhängt, ist sie mit

$$\begin{pmatrix} \beta_1, \ldots, \beta_h \\ \sigma_1, \ldots, \sigma_h \end{pmatrix}_{\partial/\partial X}$$

vertauschbar. Folglich gilt

$$q_h(\varDelta) \det(X_{01})^k$$

$$= \sum \begin{pmatrix} \alpha_1, \ldots, \alpha_h \\ \varrho_1, \ldots, \varrho_h \end{pmatrix}_X \begin{pmatrix} \alpha_1, \ldots, \alpha_h \\ \sigma_1, \ldots, \sigma_h \end{pmatrix}_X \begin{pmatrix} \beta_1, \ldots, \beta_h \\ \sigma_1, \ldots, \sigma_h \end{pmatrix}_{\partial/\partial X} \begin{pmatrix} \beta_1, \ldots, \beta_h \\ \varrho_1, \ldots, \varrho_h \end{pmatrix}_{\partial/\partial X} \det(X_{01})^k$$

$$= c_{h,k} \sum \begin{pmatrix} \alpha_1, \ldots, \alpha_h \\ \varrho_1, \ldots, \varrho_h \end{pmatrix}_X \begin{pmatrix} \alpha_1, \ldots, \alpha_h \\ \sigma_1, \ldots, \sigma_h \end{pmatrix}_X \begin{pmatrix} \beta_1, \ldots, \beta_h \\ \sigma_1, \ldots, \sigma_h \end{pmatrix}_{\partial/\partial X} \overline{\begin{pmatrix} \beta_1, \ldots, \beta_h \\ \varrho_1, \ldots, \varrho_h \end{pmatrix}}_{X_{01}} \det(X_{01})^{k-1}$$

$$= c_{h,k} \sum \begin{pmatrix} \alpha_1, \ldots, \alpha_h \\ \varrho_1, \ldots, \varrho_h \end{pmatrix}_X \begin{pmatrix} \alpha_1, \ldots, \alpha_h \\ \sigma_1, \ldots, \sigma_h \end{pmatrix}_X \overline{\begin{pmatrix} \beta_1, \ldots, \beta_h \\ \varrho_1, \ldots, \varrho_h \end{pmatrix}}_{X_{01}} \begin{pmatrix} \beta_1, \ldots, \beta_h \\ \sigma_1, \ldots, \sigma_h \end{pmatrix}_{\partial/\partial X} \det(X_{01})^{k-1}$$

$$= c_{h,k}\, c_{h,k-1} \sum \begin{pmatrix} \varrho_1, \ldots, \varrho_h \\ \sigma_1, \ldots, \sigma_h \end{pmatrix}_{X'X} \overline{\begin{pmatrix} \beta_1, \ldots, \beta_h \\ \sigma_1, \ldots, \sigma_h \end{pmatrix}}_{X_{01}} \overline{\begin{pmatrix} \beta_1, \ldots, \beta_h \\ \varrho_1, \ldots, \varrho_h \end{pmatrix}}_{X_{01}} \det(X_{01})^{k-2}.$$

Das können wir mit Hilfe von (11) weiter umformen

$$q_h(\varDelta) \det(X_{01})^k$$

$$= c_{h,k}\, c_{h,k-1} \sum \begin{pmatrix} \varrho_1, \ldots, \varrho_h \\ \sigma_1, \ldots, \sigma_h \end{pmatrix}_{X'X} \begin{pmatrix} \beta_1, \ldots, \beta_h \\ \sigma_1, \ldots, \sigma_h \end{pmatrix}_{X_{01}^{-1\prime}} \begin{pmatrix} \beta_1, \ldots, \beta_h \\ \varrho_1, \ldots, \varrho_h \end{pmatrix}_{X_{01}^{-1\prime}} \det(X_{01})^k$$

$$= c_{h,k}\, c_{h,k-1}\, q_h(X'XX_{01}^{-1}X_{01}^{-1\prime}) \det(X_{01})^k$$

$$= c_{h,k}\, c_{h,k-1}\, q_h(XX_{01}^{-1}X_{01}^{-1\prime}X') \det(X_{01})^k,$$

denn die elementarsymmetrischen Funktionen eines Produktes ändern sich bei zyklischer Vertauschung nicht.

Die letzte Gleichung ist aber genau die Behauptung (18).

Damit ist das Korollar 4.2 vollständig bewiesen.

§ 5. Die Eigenfunktionen von $\mathfrak{R}$ auf G_r

In diesem Paragraphen beweisen wir zuerst durch Betrachtung einer speziellen Basis von $\mathfrak{R}$, deren Wirkung auf Formen aus $F_{k,r}$ wir mit Hilfe der Capelli-Identität ermitteln, den Satz 2. Aus ihm und Satz 1′ folgern wir dann den zentralen Satz 3.

Es sei wieder $\mathfrak{R}$ der Ring der bezüglich der Substitutionen

$$X \to UXV \quad \text{mit} \quad U'U = E \quad \text{und} \quad \det(V) \neq 0 \tag{1}$$

invarianten linearen Differentialoperatoren.

Nach [3], S. 131, gilt

Lemma 5.1. *Setzt man*

$$\varDelta = X'X \frac{\partial}{\partial X'} \frac{\partial}{\partial X} \quad \text{und} \quad \varLambda = X \frac{\partial}{\partial X'} - \left(X \frac{\partial}{\partial X'} \right)', \tag{2}$$

so bilden die Operatoren

$$\sigma\left(X' \frac{\partial}{\partial X}\right), \quad \sigma(\Delta^h) \qquad h = 1, \ldots, n \tag{3}$$

bzw.

$$\sigma\left(X' \frac{\partial}{\partial X}\right), \quad \sigma(\Lambda^{2h}) \qquad h = 1, \ldots, n \tag{4}$$

eine Basis von $\mathfrak{R}$.

Aus der Basis (3) erhalten wir eine andere Basis wie folgt: Es sei Q eine quadratische n-reihige Matrix über einem kommutativen Ring; dann sind die elementarsymmetrischen Funktionen von Q wie in § 3, (26) definiert durch

$$\det(Et - Q) = \sum_{h=0}^{n} (-1)^h\, q_h(Q)\, t^{n-h}.$$

Aus der Theorie der symmetrischen Funktionen ist bekannt, daß

$$q_h(Q) = \frac{1}{h}\, \sigma(Q^h) + p_h\left(\sigma(Q^1), \sigma(Q^2), \ldots, \sigma(Q^{h-1})\right) \tag{5}$$

gilt, wobei p_h ein isobares Polynom bezeichnet, das nur Monome

$$\prod_{r=1}^{h-1} \left(\sigma(Q^r)\right)^{h_r} \quad \text{mit} \quad \sum_{r=1}^{h-1} r \cdot h_r = h$$

enthält.

Ist nun $Q = S'ST'T$, so können die elementarsymmetrischen Funktionen auch definiert werden durch

$$q_h(S'ST'T) = \sum \binom{\alpha_1, \ldots, \alpha_h}{\varrho_1, \ldots, \varrho_h}_S \binom{\alpha_1, \ldots, \alpha_h}{\sigma_1, \ldots, \sigma_h}_S \binom{\beta_1, \ldots, \beta_h}{\sigma_1, \ldots, \sigma_h}_T \binom{\beta_1, \ldots, \beta_h}{\varrho_1, \ldots, \varrho_h}_T, \tag{6}$$

wobei über alle Kombinationen $1 \leqq \alpha_1 < \cdots < \alpha_h \leqq m$, $1 \leqq \beta_1 < \cdots < \beta_h \leqq m$, $1 \leqq \varrho_1 < \cdots < \varrho_h \leqq n$ und $1 \leqq \sigma_1 < \cdots < \sigma_h \leqq n$ zu summieren ist. Ersetzt man Q durch Δ, und definiert $q_h(\Delta)$ durch (6) — mit $S = X$ und $T = \frac{\partial}{\partial X}$ —, wie in § 4, (16) geschehen, so bleibt (5) zwar nicht mehr richtig, aber die beiden Seiten von (5) unterscheiden sich dann nur um einen bezüglich (1) invarianten linearen Differentialoperator, dessen Grad echt kleiner als $2h$ ist. Dieser ist nun nach Lemma 5.1 als Polynom in $\sigma\left(X' \frac{\partial}{\partial X}\right)$, $\sigma(\Delta^r)$ $r = 1, \ldots,$ $h - 1$ darstellbar. Mithin gilt

$$q_h(\Delta) = \frac{1}{h}\, \sigma(\Delta^h) + P_h\left(\sigma(\Delta^1), \sigma(\Delta^2), \ldots, \sigma(\Delta^{h-1}); \sigma\left(X' \frac{\partial}{\partial X}\right)\right) \tag{7}$$

mit gewissen Polynomen P_h. Daraus folgt aber

Lemma 5.2. *Die bezüglich* (1) *invarianten linearen Differentialoperatoren*

$$\sigma\left(X'\,\frac{\partial}{\partial X}\right), \qquad q_h(\varDelta) \qquad h=1,\ldots,n \tag{8}$$

bilden eine Basis von $\mathfrak{R}$.

Nun betrachten wir noch für jedes r ($0 \leq r < n$) den Ring $\mathfrak{R}_r$, der bezüglich der Substitutionen

$$X_r \to UX_r V \quad \text{mit} \quad U'U=E \quad \text{und} \quad \det(V) \neq 0 \tag{9}$$

invarianten linearen Differentialoperatoren in der Variablenmatrix $X_r = X_r^{(m-2r,\,n-r)}$.

Ersetzt man dann m durch $m-2r$, n durch $n-r$ und X durch X_r, so erhält man die Operatoren $\varDelta_r$ und $\varLambda_r$, anstelle von $\varDelta$ und $\varLambda$; die beiden Lemmas gelten dann entsprechend.

Nun zeigen wir den für Satz 2 wichtigsten Hilfssatz:

Lemma 5.3.

$$q_h(\varDelta)\,\det(A_r'X_r)^k = 0 \quad \text{für } h > n-r, \tag{10}$$

$$q_h(\varDelta)\,\det(A_r'X_r)^k = q_h(\varDelta_r)\,\det(A_r'X_r)^k \quad \text{für } h \leq n-r, \tag{11}$$

$$(n-r)\,\sigma\left(X'\,\frac{\partial}{\partial X}\right)\det(A_r'X_r)^k = n\,\sigma\left(X_r'\,\frac{\partial}{\partial X_r}\right)\det(A_r'X_r)^k. \tag{12}$$

Beweis. Es sei wieder $\tilde{A}$ die in § 3, (23) definierte Matrix, d.h.

$$\tilde{A} = \begin{pmatrix} I_r & 0 \\ 0 & A_r \end{pmatrix}.$$

Dann gilt nach Lemma 3.2 und Korollar 4.2

$$q_h(\varDelta)\,\det(A_r'X_r)^k = q_h(\varDelta)\,\det(\tilde{A}'X)^k$$
$$= c_{h,k}\,c_{h,k-1}\,q_h\big(X(\tilde{A}'X)^{-1}\tilde{A}'\tilde{A}(X'\tilde{A})^{-1}X'\big)\,\det(\tilde{A}'X)^k.$$

Für $h > n-r$ folgt daraus nach dem ersten Teil von Lemma 3.3 die Behauptung (10).

Für $h \leq n-r$ erhalten wir nach dem zweiten Teil von Lemma 3.3, Lemma 3.2 und dem Korollar 4.2 aus der letzten Gleichung

$$q_h(\varDelta)\,\det(A_r'X_r)^k$$
$$= c_{h,k}\,c_{h,k-1}\,q_h\big(X_r(A_r'X_r)^{-1}A_r'A_r(X_r'A_r)^{-1}X_r'\big)\,\det(A_r'X_r)^k$$
$$= q_h(\varDelta_r)\,\det(A_r'X_r)^k.$$

Das ist aber die Behauptung (11) aus Lemma 5.3.

Die Gl. (12) ist aber klar, da $\det(A'_r X_r)^k$ aufgefaßt als Funktion von X_r homogen vom Grad $k \cdot (n-r)$ und aufgefaßt als Funktion von X homogen vom Grad $k \cdot n$ ist.

Aufgrund von Lemma 5.2 bilden die Operatoren auf der linken Seite der Gleichungen in Lemma 5.3 eine Basis des Ringes $\Re$, während die Operatoren auf der rechten Seite der Gleichungen eine Basis des Ringes $\Re_r$ bilden. Die Formen, auf die diese Operatoren in dem Lemma 5.3 angewendet werden, erzeugen nach dem ersten Teil von Satz 1' die Formen vom Grad k auf G_r. Folglich erhalten wir aus Lemma 5.3

Satz 2. *Für $r < n$ gilt:*

Eine Form $u(\mathfrak{z}_r(X)) = u^{\hat{}}(X_r)$ auf G_r ist genau dann Eigenfunktion von $\Re$, wenn $u^{\hat{}}(X_r)$ Eigenfunktion von $\Re_r$ ist. Das Eigenwertsystem von $u(\mathfrak{z}_r(X))$ bezüglich irgendeiner Basis von $\Re$ ist umkehrbar eindeutig durch das Eigenwertsystem von $u^{\hat{}}(X_r)$ bezüglich irgendeiner Basis von $\Re_r$ bestimmt.

Nun wenden wir uns dem Beweis von Satz 3 zu: Dazu benötigen wir den folgenden in [5], S. 143, gezeigten Hilfssatz:

Es bezeichne wieder

$$F(m, n, k) = \left\{ \hat{u}(X) \text{ Polynom} \,/\, \hat{u}(XV) = |V|^h\, \hat{u}(X), |V| \neq 0 \right\} \quad (13)$$

und

$$H(m, n, k) = \left\{ \hat{v}(X) \in F(m, n, k) \,\Big/\, \det\left(\frac{\partial}{\partial X'}\,\frac{\partial}{\partial X}\right) \hat{v}(X) = 0 \right\}. \quad (14)$$

Dann gilt

Lemma 5.4. *Die Formen $v(X)$ aus $H(m, n, k)$ sind die endlichen Summen*

$$\hat{v}(X) = \sum \det(A'X)^k \quad mit \quad \det(A'A) = 0. \quad (15)$$

Daraus folgt zunächst

Lemma 5.5. *Für eine Eigenfunktion $\hat{v}(X)$ von $\Re$ aus $F(m, n, k)$ ist*

$$\hat{v}(X) \not\equiv 0 \bmod \det(X'X) \quad (16)$$

gleichwertig damit, daß $\hat{v}(X)$ in $H(m, n, k)$ liegt.

Beweis. Da $\det(X'X) \cdot \det\left(\dfrac{\partial}{\partial X'}\,\dfrac{\partial}{\partial X}\right)$ ein Operator aus $\Re$ ist, liegt jede Eigenfunktion von $\Re$ aus $F(m, n, k)$, die der Bedingung (16) genügt, in $H(m, n, k)$. Da sich nach Lemma 5.4 jede harmonische Form in der Art (15) darstellen läßt, folgt (16) aus der Eindeutigkeit der zweiten Darstellung in Satz 1′ (für $r = 0$).

Aufgrund der Sätze 1′ und 2 gelten die beiden letzten Hilfssätze entsprechend auch für die Formen auf G_r, d.h.

Es sei wieder $F_{k,r}$ der Vektorraum der Formen $u(\mathfrak{z}_r(X))$ vom Grad k auf G_r und $H_{k,r}$ der Teilraum der harmonischen Formen vom Grad k auf G_r, d.h. $H_{k,r}$ ist der Teilraum der Formen $u(\mathfrak{z}_r(X)) = u^\wedge(X_r)$, die der Bedingung

$$\det\left(\frac{\partial}{\partial X_r'}\,\frac{\partial}{\partial X_r}\right) u^\wedge(X_r) = 0 \tag{17}$$

genügen. (Speziell ist $H_{k,0} = H(m, n, k)$.)

Dann erhalten wir aus den letzten beiden Hilfssätzen

Lemma 5.4′. *Die Formen* $v(\mathfrak{z}_r(X)) = v^\wedge(X_r)$ *aus* $H_{k,r}$, *sind die endlichen Summen*

$$v^\wedge(X_r) = \sum \det(A_r' X_r)^k \quad mit \quad \det(A_r' A_r) = 0. \tag{18}$$

Lemma 5.5′. *Für eine Eigenfunktion* $v^\wedge(X_r)$ *von* $\mathfrak{R}$ *aus* $F_{k,r}$ *ist* (17) *gleichwertig mit*

$$v^\wedge(X_r) \equiv 0 \bmod \det(X_r' X_r). \tag{19}$$

Schließlich benötigen wir noch den in [3], S. 134, gezeigten Sachverhalt:

Lemma 5.6.

$$\Lambda y_{\mu\nu} = y_{\mu\nu}\Lambda \quad für \quad X'X = (y_{\mu\nu}). \tag{20}$$

· Nun machen wir zum Beweis von Satz 3 die folgende

Voraussetzung.

$$H_{j,r} \text{ besitzt eine Basis, die aus Eigenfunktionen von } \mathfrak{R}_r \text{ besteht (für alle } j). \tag{21}$$

Aufgrund der Sätze 1′ und 2 reicht es, diese Voraussetzung für den Fall $r = 0$ zu verifizieren; dafür ist (21) aber ein Spezialfall des bereits in der Einleitung zitierten allgemeinen Lemmas:

Lemma 1.4. *Ist H ein Teilraum von $F(m, n, k)$, der mit $u(X)$ auch $u(UX)$ für jede orthogonale Matrix U enthält, so besitzt H eine Basis, die aus Eigenfunktionen von $\mathfrak{R}$ besteht.*

Dieses Lemma wollen wir aber beim Beweis des Zerlegungssatzes nicht verwenden, sondern wir wollen es mitbeweisen. Die Voraussetzung (21) wird im Induktionsbeweis von Satz 6 aufgrund der Induktionsvoraussetzung erfüllt sein.

Wir wählen nun als Basis von $\mathfrak{R}_r$ die Operatoren

$$\sigma\left(X_r'\frac{\partial}{\partial X_r}\right), \quad \sigma(\Lambda_r^{2h}) \quad h=1,\ldots,n-r \tag{22}$$

und für die Formen aus $F_{k,r}$ die eindeutige Darstellung (Satz 1')

$$u^{\,\hat{}}(X_r) = \sum_{k_r=0}^{[k/2]} \det(X_r'X_r)^{k_r}\, v_{k-2k_r}^{\,\hat{}}(X_r) \quad \text{mit} \quad v_h^{\,\hat{}} \in H_{h,r}. \tag{23}$$

Nun sei $u^{\,\hat{}}(X_r)$ aus $F_{k,r}$ eine Eigenfunktion von $\mathfrak{R}_r$, die in der Form (23) dargestellt sei.

Nach Lemma 5.6 gilt

$$\sigma(\Lambda_r^{2h})\det(X_r'X_r)^s\, v^{\,\hat{}}(X_r) = \det(X_r'X_r)^s\, \sigma(\Lambda_r^{2h})\, v^{\,\hat{}}(X_r). \tag{24}$$

Da nach Voraussetzung (21) $H_{k,r}$ eine Basis besitzt, die aus Eigenfunktionen von $\mathfrak{R}_r$ besteht, enthält $H_{k,r}$ mit $v^{\,\hat{}}(X_r)$ auch $\Omega v^{\,\hat{}}(X_r)$ für jeden Operator Ω aus $\mathfrak{R}_r$, speziell enthält $H_{k,r}$ dann auch $\sigma(\Lambda_r^{2h})\, v^{\,\hat{}}(X_r)$. Aus der Eindeutigkeit der Darstellung (23) und aus (24) folgt dann, daß alle Summanden in (23) Eigenfunktionen von $\sigma(\Lambda_r^{2h})$ zum selben Eigenwert sein müssen! Da nun außerdem noch jeder Summand in (23) Eigenfunktion des Homogenitätsoperators $\sigma\left(X_r'\frac{\partial}{\partial X_r}\right)$ zum gleichen Eigenwert $(n-r)\cdot k$ ist, folgt schließlich:

Eine Form vom Grad k auf G_r ist genau dann Eigenfunktion von $\mathfrak{R}_r$, wenn jeder einzelne Summand in der Darstellung (23) Eigenfunktion von $\mathfrak{R}_r$ zum selben Eigenwertsystem ist.

Als nächstes wollen wir zeigen, daß in (23) überhaupt nur ein Summand auftreten kann, wenn $u^{\,\hat{}}(X_r)$ Eigenfunktion von $\mathfrak{R}_r$ ist.

Angenommen

$$w_s(X_r) = \det(X_r'X_r)^s\, v_{k-2s}^{\,\hat{}}(X_r)$$

$$w_t(X_r) = \det(X_r'X_r)^t\, v_{k-2t}^{\,\hat{}}(X_r)$$

sind zwei Summanden in (23) mit $s>t$.

Dann betrachten wir den bezüglich (9) invarianten linearen Differentialoperator aus $\Re_r$

$$\Xi_t = \det (X_r' X_r)^{t+2} \det \left(\frac{\partial}{\partial X_r'} \frac{\partial}{\partial X_r} \right) \det (X_r' X_r)^{-t}. \tag{25}$$

Nach Lemma 5.5' gilt dann, da die $v\hat{\ }$ harmonische Formen sind,

$$\Xi_t\, w_s(X_r) \neq 0 \quad \text{aber} \quad \Xi_t\, w_t(X_r) = 0.$$

Das widerspricht aber der Tatsache, daß die beiden Summanden w_s und w_t aus der Darstellung (23) Eigenfunktionen von $\Re_r$ zum selben Eigenwertsystem sind.

Mithin kann in der Darstellung (23) für eine Eigenfunktion $u\hat{\ }(X_r)$ von $\Re_r$ aus $F_{k,r}$ nur ein Summand auftreten.

Nun sei

$$u\hat{\ }(X_r) = \det (X_r' X_r)^t\, v\hat{\ }(X_r) \quad \text{mit} \quad v\hat{\ }(X_r) \in H_{k-2t,r} \tag{26}$$

eine Eigenfunktion von $\Re_r$ aus $F_{k,r}$.

Dann bestimmt das Eigenwertsystem von $u\hat{\ }$ umkehrbar eindeutig das Eigenwertsystem von $v\hat{\ }$ und t, denn

erstens ist t bestimmt als diejenige natürliche Zahl (oder 0), für die $\Xi_t\, u\hat{\ }(X_r) = 0$ ist,

zweitens bestimmt der Grad von $u\hat{\ }$ (bzw. der Eigenwert von $u\hat{\ }$ bezüglich des Homogenitätsoperators) und t den Grad von $v\hat{\ }$, umgekehrt bestimmt der Grad von $v\hat{\ }$ und t den Grad von $u\hat{\ }$,

drittens haben $u\hat{\ }$ und $v\hat{\ }$ bezüglich der Operatoren $\sigma(A_r^{2h})$ dieselben Eigenwerte, und

viertens bilden die Operatoren $\sigma(A_r^{2h})$ $(h = 1, \ldots, n-r)$ zusammen mit dem Homogenitätsoperator eine Basis des Ringes $\Re_r$.

Schreiben wir das Ergebnis wieder in die ursprünglichen Koordinaten von G_r um, so erhalten wir (unter Berücksichtigung von Satz 2)

Satz 3. *Sei $r < n$. Wenn $H_{j,r}$ für alle j eine Basis besitzt, die aus Eigenfunktionen von $\Re$ besteht, dann gilt:*

Eine Form $u(\mathfrak{z}_r(X))$ aus $F_{k,r}$ ist genau dann Eigenfunktion von $\Re$, wenn eine ganze Zahl k_r mit $0 \leq k_r \leq \dfrac{k}{2}$ existiert mit

$$u(\mathfrak{z}_r(X)) = (\mathfrak{z}_r(X)'\,\mathfrak{z}_r(X))^{k_r}\, v(\mathfrak{z}_r(X)), \tag{27}$$

wobei $v\left(\mathfrak{z}_r(X)\right) \in H_{k-2k_r,\,r}$ *eine Eigenfunktion von* $\mathfrak{R}$ *ist. Dabei bestimmt* k_r *und das Eigenwertsystem von* $v\left(\mathfrak{z}_r(X)\right)$ *umkehrbar eindeutig das Eigenwertsystem von* $u\left(\mathfrak{z}_r(X)\right)$.

Den Abschluß dieses Paragraphen bildet der Fall $r = n$.

Satz 4. *Jede Form* u *aus* $F_{k,n}$ *ist Eigenfunktion von* $\mathfrak{R}$. *Dabei bestimmt* k *umkehrbar eindeutig das Eigenwertsystem von* u *bezüglich irgendeiner Basis von* $\mathfrak{R}$.

Beweis. Nach Konstruktion von G_n ist $\mathfrak{a} \in G_n$ gleichbedeutend mit

$$\mathfrak{a} = (a), \quad a = \det(L_n' A) \neq 0 \quad \text{mit} \quad L_n = \begin{pmatrix} I_n \\ 0 \end{pmatrix}.$$

Demnach ist $G_n \equiv \mathbb{C} - \{0\}$.

Nach Satz 1 (für $r = n$) sind die Formen aus $F_{k,n}$ dann genau die Formen

$$u\left(\mathfrak{z}_n(X)\right) = c \det(L_n' X)^k \quad \text{mit} \quad c \in \mathbb{C} - \{0\}.$$

Nach Korollar 4.2 (zur Capelli-Identität) gilt dann aber

$$q_h(\varDelta)\, u\left(\mathfrak{z}_n(X)\right) = 0 \quad \text{für} \quad h = 1, \ldots, n.$$

Da außerdem

$$\sigma\left(X' \frac{\partial}{\partial X}\right) u\left(\mathfrak{z}_n(X)\right) = n \cdot k\, u\left(\mathfrak{z}_n(X)\right)$$

gilt, und die Operatoren $\sigma\left(X' \dfrac{\partial}{\partial X}\right)$, $q_h(\varDelta)$ $(h = 1, \ldots, n)$ nach Lemma 5.2 eine Basis von $\mathfrak{R}$ bilden, folgt die Behauptung von Satz 4 unmittelbar.

§ 6. Der Zerlegungssatz auf G_r

In diesem Paragraphen soll der Satz 6, die erste Formulierung des Zerlegungssatzes, bewiesen werden.

Dazu wird zuerst eine Beziehung zwischen den Formen auf G_r und den harmonischen Formen auf G_{r-1} aufgestellt (Satz 5), die es dann ermöglicht, mit Hilfe der Sätze 1, 3, 4 den Vektorraum der Formen vom Grad k auf G_r in Eigenräume von $\mathfrak{R}$ zu zerlegen. Zur Aufstellung dieser Beziehung benötigen wir die folgenden Hilfssätze:

Lemma 6.1. *Ist* $A = A^{(m,\,n)}$ *mit* rg $A = n$ *und* $A'A = 0$, *so gibt es eine (reelle) orthogonale Matrix* $U = U^{(m)}$ *und eine (komplexe)*

Dreiecksmatrix $V = V^{(n)} = (v_{\mu v})$ mit $v_{\mu v} = 0$ für $\mu > v$ und $\det(V) \neq 0$ derart, daß

$$UAV = \begin{pmatrix} E \\ iE \\ 0 \end{pmatrix} \tag{1}$$

gilt.

Beweis durch vollständige Induktion nach n:

Für $n = 1$ ist $A = \mathfrak{a}$ ein Spaltenvektor mit $\mathfrak{a}' \mathfrak{a} = 0$. Zerlegen wir $\mathfrak{a}$ in Real- und Imaginärteil $\mathfrak{a} = \mathfrak{b} + i\mathfrak{c}$, so ist $\mathfrak{a}' \mathfrak{a} = 0$ gleichwertig mit $\mathfrak{b}' \mathfrak{b} = \mathfrak{c}' \mathfrak{c}$ und $\mathfrak{b}' \mathfrak{c} = 0$.

Es gibt dann eine (reelle) orthogonale Matrix U_1 mit

$$U_1 \mathfrak{b} = \begin{pmatrix} b \\ 0 \end{pmatrix} \quad (b \in \mathbb{R}).$$

Da $\mathfrak{c}$ orthogonal zu $\mathfrak{b}$ ist, ist auch $U_1 \mathfrak{c}$ orthogonal zu $U_1 \mathfrak{b}$. Folglich ist

$$U_1 \mathfrak{c} = \begin{pmatrix} 0 \\ \mathfrak{d} \end{pmatrix} \quad \text{mit } \mathfrak{d} \in \mathbb{R}^{m-1}.$$

Dann gibt es eine (reelle) orthogonale Matrix

$$U_0 = U_0^{(m-1)} \quad \text{mit} \quad U_0 \mathfrak{d} = \begin{pmatrix} c \\ 0 \end{pmatrix} \quad \text{mit} \quad c \in \mathbb{R}.$$

Setzt man dann

$$U = \begin{pmatrix} 1 & 0 \\ 0 & U_0 \end{pmatrix} U_1, \quad \text{so ist} \quad U\mathfrak{a} = \begin{pmatrix} b \\ ic \\ 0 \end{pmatrix}.$$

Aus $\mathfrak{a}' \mathfrak{a} = 0$ folgt dann $b = c$. Daraus folgt aber

$$U\mathfrak{a} c^{-1} = \begin{pmatrix} 1 \\ i \\ 0 \end{pmatrix}.$$

Das ist aber die Behauptung des Lemmas für $n = 1$.

Nun gelte die Behauptung von Lemma 6.1 für $n - 1$, wir zeigen sie für n.

Dazu setzen wir $A = (B, \mathfrak{a})$ mit $B = B^{(m,\, n-1)}$.

Die Bedingung $A'A = 0$ liefert dann $B'B = 0$. Folglich gibt es nach Induktionsvoraussetzung eine (reelle) orthogonale Matrix

$U = U^{(m)}$ und eine (komplexe) Dreiecksmatrix $V_0 = V_0^{(n-1)}$ so, daß

$$UBV_0 = \begin{pmatrix} E \\ iE \\ 0 \end{pmatrix}$$

gilt. Setzt man dann

$$V_1 = \begin{pmatrix} V_0 & 0 \\ 0 & 1 \end{pmatrix},$$

so gilt

$$UAV_1 = \begin{pmatrix} E & \mathfrak{b} \\ iE & \mathfrak{c} \\ 0 & \mathfrak{d} \end{pmatrix}.$$

Da die letzte Spalte orthogonal zu den voranstehenden ist, ist dann $\mathfrak{c} = i\,\mathfrak{b}$. Durch Multiplikation mit der Dreiecksmatrix

$$V_2 = \begin{pmatrix} E & -\mathfrak{b} \\ 0 & 0 \end{pmatrix}$$

von rechts erhalten wir dann

$$UAV_1V_2 = \begin{pmatrix} E & 0 \\ iE & 0 \\ 0 & \mathfrak{d} \end{pmatrix}.$$

Daraus folgt aber die Behauptung wie im Fall $n = 1$. Damit ist Lemma 6.1 bewiesen.

Lemma 6.2. *Ist* $A = A^{(m,\,n)}$ *mit* $\operatorname{rg} A = n$ *und* $\operatorname{rg} A'A < n$, *so gibt es eine (reelle) orthogonale Matrix* $U = U^{(m)}$, *eine (komplexe) Matrix* $V = V^{(n)}$ *mit* $\det(V) \neq 0$ *und eine komplexe Matrix* $B = B^{(m-2,\,n-1)}$ *mit* $\operatorname{rg} B = n - 1$ *und* $\operatorname{rg} B'B = \operatorname{rg} A'A$ *derart, daß*

$$UAV = \begin{pmatrix} 1 & 0 \\ -i & 0 \\ 0 & B \end{pmatrix} \tag{2}$$

gilt.

Beweis. Da $\operatorname{rg} A'A$ nicht maximal ist, gibt es eine nicht ausgeartete Matrix

$$V = V^{(n)} \quad \text{mit} \quad V'A'AV = \begin{pmatrix} 0 & 0 \\ 0 & C \end{pmatrix}.$$

Deshalb sei ohne Einschränkung $A'A = \begin{pmatrix} 0 & 0 \\ 0 & C \end{pmatrix}.$

Setzen wir dann $A = (\mathfrak{a}, D)$, so folgt $\mathfrak{a}'\,\mathfrak{a} = 0$. Dann folgt aus Lemma 6.1, daß eine orthogonale Matrix $U = U^{(m)}$ und eine komplexe Zahl $c \neq 0$ existiert mit

$$U \mathfrak{a} c = \begin{pmatrix} 1 \\ i \\ 0 \end{pmatrix}.$$

Setzt man dann

$$V_1 = \begin{pmatrix} c & 0 \\ 0 & E \end{pmatrix},$$

so wird

$$U A V_1 = \begin{pmatrix} 1 & \mathfrak{c}' \\ i & \mathfrak{d}' \\ 0 & D \end{pmatrix}.$$

Da die erste Spalte orthogonal auf den anderen steht, folgt $\mathfrak{d} = i\mathfrak{c}$. Durch Multiplikation mit

$$V_2 = \begin{pmatrix} 1 & -\mathfrak{c}' \\ 0 & E \end{pmatrix}$$

von rechts wird

$$U A V_1 V_2 = \begin{pmatrix} 1 & 0 \\ i & 0 \\ 0 & D \end{pmatrix}.$$

Daraus folgt die Behauptung von Lemma 6.2 unmittelbar.

Nun können wir den zentralen Hilfssatz beweisen, dessen Aussage den Kern von Satz 5 beinhaltet.

Lemma 6.3. *Es sei*

$$\mathfrak{U}_r = \left\{ U = U^{(m)} = \begin{pmatrix} E & 0 \\ 0 & U_0 \end{pmatrix} \middle/ E = E^{(2\,r)},\ U_0' U_0 = E,\ U_0\ reell \right\}. \tag{3}$$

Dann gilt

$$\mathfrak{z}_r(UA)'\,\mathfrak{z}_r(UB) = \mathfrak{z}_r(A)'\,\mathfrak{z}_r(B) \qquad \textit{für}\ U \in \mathfrak{U}_r. \tag{4}$$

Ferner gilt:

Zu $\mathfrak{a} \in G_r$ *mit* $\mathfrak{a}'\,\mathfrak{a} = 0$ *gibt es* $\mathfrak{b} \in G_{r+1}$ *und* $U \in \mathfrak{U}_r$ *mit*

$$\mathfrak{a}'\,\mathfrak{z}_r(X) = \mathfrak{b}'\,\mathfrak{z}_{r+1}(UX). \tag{5}$$

Umgekehrt gibt es zu $\mathfrak{b} \in G_{r+1}$ *und* $U \in \mathfrak{U}_r$ *stets* $\mathfrak{a} \in G_r$ *mit* $\mathfrak{a}'\,\mathfrak{a} = 0$ *so, daß* (5) *gilt.*

Beweis. Es sei wieder V_x die zur Konstruktion von X_r verwendete Matrix, d.h. es ist

$$X V_x = \begin{pmatrix} Z_1 & Z_2 \\ Z_3 & X_r \end{pmatrix} \quad \text{mit} \quad I_r' Z_1 = E^{(r)} \quad \text{und} \quad I_r' Z_2 = 0.$$

Die Substitution

$$X \to UX \quad \text{mit} \quad U = \begin{pmatrix} E & 0 \\ 0 & U_0 \end{pmatrix} \in \mathfrak{U}_r$$

liefert genau die simultane Substitution

$$Z_3 \to U_0 Z_3 \quad \text{und} \quad X_r \to U_0 X_r.$$

Da nun

$$\mathfrak{z}_r(A)' \, \mathfrak{z}_r(B) = \det(A_r' B_r)$$

gilt, folgt (4) unmittelbar.

Nun seien $A = A^{(m,\,n)}$ und $A_r = A_r^{(m-2r,\,n-r)}$ so gewählt, daß

$$\mathfrak{a} = \mathfrak{z}_r(A) = \mathfrak{p}(A_r)$$

gilt. Dann ist $0 = \mathfrak{a}' \mathfrak{a} = \det(A_r' A_r)$ gleichbedeutend damit, daß der Rang von $A_r' A_r$ nicht maximal ist. Folglich gibt es nach Lemma 6.2 eine orthogonale Matrix U_0 und eine Matrix V_0 mit $\det(V_0) = c^{-1} \neq 0$ derart, daß

$$C_r = U_0 A_r V_0 = \begin{pmatrix} +1 & 0 \\ -i & 0 \\ 0 & B_{r+1} \end{pmatrix} \tag{6}$$

mit einer Matrix $B_{r+1} = B_{r+1}^{(m-2r-2,\,n-r-1)}$ gilt.

Sei wieder U die mit U_0 gebildete Matrix aus $\mathfrak{U}_r$. Dann erhält man aus (4)

$$\mathfrak{z}_r(A)' \, \mathfrak{z}_r(X) = \mathfrak{z}_r(UA)' \, \mathfrak{z}_r(UX) = c \, \mathfrak{p}(C_r)' \, \mathfrak{z}_r(UX).$$

Schreiben wir das ausführlich hin und entwickeln dann die auftretenden Unterdeterminanten von C_r nach der ersten Spalte, so ergibt sich

$$\mathfrak{a}' \, \mathfrak{z}_r(X) = \mathfrak{z}_r(A)' \, \mathfrak{z}_r(X) = c \sum_\alpha \left(\begin{smallmatrix} \alpha_1, \,\ldots,\, \alpha_{n-r} \\ 1, \,\ldots,\, n-r \end{smallmatrix}\right)_{C_r} z_{r\,\alpha}(UX)$$

$$= c \sum \left(\begin{smallmatrix} \alpha_2, \,\ldots,\, \alpha_{n-r} \\ 2, \,\ldots,\, n-r \end{smallmatrix}\right)_{C_r} \left(z_{r(1,\,\alpha_2,\,\ldots,\,\alpha_{n-r})}(UX) + i\, z_{r(2,\,\alpha_2,\,\ldots,\,\alpha_{n-r})}(UX) \right)$$

$$= c \sum \left(\begin{smallmatrix} \beta_1, \,\ldots,\, \beta_{n-r-1} \\ 1, \,\ldots,\, n-r-1 \end{smallmatrix}\right)_{B_{r+1}} z_{r+1(\beta_1,\,\ldots,\,\beta_{n-r-1})}(UX)$$

$$= c\, \mathfrak{p}(B_{r+1})' \, \mathfrak{z}_{r+1}(UX) = \mathfrak{b}' \, \mathfrak{z}_{r+1}(UX);$$

dabei ist $\beta_j = \alpha_{j+1} - 2$ gesetzt.

Da $\mathfrak{p}(B_{r+1})$ ein Punkt der (komplexen) homogenen Graßmann-Mannigfaltigkeit $G(m-2r-2, n-r-1)$ ist, gibt es einen Punkt $\mathfrak{b} \in G_{r+1}$ so, daß $\mathfrak{b} = c\,\mathfrak{p}(B_{r+1})$ ist.

Damit haben wir zu $\mathfrak{a} \in G_r$ mit $\mathfrak{a}'\,\mathfrak{a} = 0$ ein $\mathfrak{b} \in G_{r+1}$ und ein $U \in \mathfrak{U}_r$ gefunden, so daß $\mathfrak{a}'\,\mathfrak{z}_r(X) = \mathfrak{b}'\,\mathfrak{z}_{r+1}(UX)$ gilt.

Die durchgeführten Beweisschritte sind offensichtlich umkehrbar. Damit ist Lemma 6.3 bewiesen.

Nun besitzen nach Satz 1 die Formen vom Grad k auf G_{r+1} eine Darstellung als endliche Summen der Art

$$\sum \left(\mathfrak{b}'\,\mathfrak{z}_{r+1}(X) \right)^k \quad \text{mit} \quad \mathfrak{b} \in G_{r+1}.$$

Nach Lemma 5.4' läßt sich jede harmonische Form vom Grad k auf G_r als endliche Summe der Art

$$\sum \left(\mathfrak{a}'\,\mathfrak{z}_r(X) \right)^k \quad \text{mit} \quad \mathfrak{a} \in G_r,\ \mathfrak{a}'\,\mathfrak{a} = 0$$

darstellen. Daraus folgt aber aufgrund von Lemma 6.3 unmittelbar

Satz 5. *Für $r < n$ gilt:*

$$H_{k,r} = \operatorname{Lin} \left\{ u\left(\mathfrak{z}_{r+1}(UX) \right) \mid U \in \mathfrak{U}_r,\ u \in F_{k,r+1} \right\}.$$

Mit Hilfe der Sätze 1, 3, 4 und 5 können wir nun den Zerlegungssatz auf G_r beweisen.

Wir setzen dazu für ein festes $\mathfrak{a} \in G_n$

$$u_{k_r,\dots,k_n}\left(\mathfrak{z}_r(X) \right) = \prod_{j=r}^{n} \left(\mathfrak{z}_j(X)'\,\mathfrak{z}_j(X) \right)^{k_j} \left(\mathfrak{a}'\,\mathfrak{z}_n(X) \right)^{2k_n}, \tag{7}$$

$$E_{k_r,\dots,k_n} = \operatorname{Lin} \left\{ u_{k_r,\dots,k_n}\left(\mathfrak{z}_r(UX) \right) \mid U \in \mathfrak{U}_r \right\} \tag{8}$$

und zeigen dann:

Satz 6 (Zerlegungssatz auf G_r).

$$F_{k,r} = \sum E_{k_r,\dots,k_n}, \tag{9}$$

wobei über alle Systeme $k_r, \dots, k_n$ nicht-negativer Zahlen mit

$$k_j \equiv 0 \pmod 1 \quad \text{für } j < n, \quad k_n \equiv \frac{k}{2} \pmod 1, \quad \sum_{j=r}^{n} k_j = \frac{k}{2} \tag{10}$$

zu summieren ist, ist die direkte Zerlegung des Vektorraumes $F_{k,r}$ der Formen vom Grad k auf G_r in die Eigenräume von $\mathfrak{R}$.

Beweis (vollständige Induktion nach r). Im Fall $r = n$ besagt (9):
$F_{k,n} = E_{k_n}$.

Nach der Definition (7) und (8) ist

$$E_{k_n} = \left\{ u\left(\mathfrak{z}_n(X)\right) = \left(\mathfrak{b}'\,\mathfrak{z}_n(X)\right)^k \,/\, \mathfrak{b} \in G_n \right\}.$$

Nach Satz 1 folgt daraus (9). Der Satz 6 besagt dann, daß jede Form vom Grad k auf G_n Eigenfunktion von $\mathfrak{R}$ zum gleichen Eigenwertsystem ist, wobei k das Eigenwertsystem bestimmt. Das ist aber genau die Aussage von Satz 4.

Nun gelte die Behauptung für $r+1$, wir zeigen sie für r. Ist $k_r, k_{r+1}, \ldots, k_n$ ein System nicht-negativer Zahlen, das (10) erfüllt, so ist $k_{r+1}, \ldots, k_n$ ein System nicht-negativer Zahlen, das der Bedingung

$$k_j \equiv 0 \ (\text{mod } 1) \quad \text{für } j < n, \quad k_n \equiv \frac{k}{2} \ (\text{mod } 1),$$

$$\sum_{j=r+1}^{n} k_j = \frac{k}{2} - k_r \tag{11}$$

genügt. Folglich ist nach Induktionsvoraussetzung

$$F_{k-2k_r,\,r+1} = \sum E_{k_{r+1}, \ldots, k_n},$$

wobei über alle Systeme (11) zu summieren ist, die direkte Zerlegung von $F_{k-2k_r,\,r+1}$ in die Eigenräume von $\mathfrak{R}$.

Da mit $u\left(\mathfrak{z}_r(X)\right)$ auch $u\left(\mathfrak{z}_r(UX)\right)$ mit $U'U = E$ Eigenfunktion von $\mathfrak{R}$ zum selben Eigenwertsystem ist, erhalten wir dann aus Satz 5:

$$H_{k-2k_r,\,r} = \sum E_{0,k_{r+1},\,\ldots,\,k_n} \tag{12}$$

ist die direkte Zerlegung von $H_{k-2k_r,\,r}$ in die Eigenräume von $\mathfrak{R}$. Speziell folgt daraus, daß für jedes j der Vektorraum $H_{j,\,r}$ eine Basis besitzt, die aus Eigenfunktionen von $\mathfrak{R}$ besteht, so daß die Voraussetzung von Satz 3 erfüllt ist.

Aus Satz 3 erhalten wir dann

$$u_{k_r,\,\ldots,\,k_n}\left(\mathfrak{z}_r(X)\right) = \prod_{j=r}^{n} \left(\mathfrak{z}_j(X)'\,\mathfrak{z}_j(X)\right)^{k_j} \left(\mathfrak{a}'\,\mathfrak{z}_n(X)\right)^{2k_n}$$

ist eine Eigenfunktion von $\mathfrak{R}$, wobei das Exponentensystem das Eigenwertsystem umkehrbar eindeutig bestimmt.

Da nach der ersten Gleichung in Lemma 6.3

$$\mathfrak{z}_r\,(UX)'\,\mathfrak{z}_r\,(UX) = \mathfrak{z}_r\,(X)'\,\mathfrak{z}_r\,(X) \qquad \text{für } U \in \mathfrak{U}_r$$

gilt, folgt aus der Definition (8) von $E_{k_r,\,\ldots,\,k_n}$

$$E_{k_r,\,\ldots,\,k_n} \\ = \left\{ u\,(\mathfrak{z}_r\,(X)) = (\mathfrak{z}_r\,(X)'\,\mathfrak{z}_r\,(X))^{k_r}\,v\,(\mathfrak{z}_r\,(X)),\ v \in E_{0,\,k_{r+1},\,\ldots,\,k_n} \right\}. \tag{13}$$

Halten wir nun k_r fest und summieren über alle Systeme $k_{r+1},\,\ldots,\,k_n$, die (11) erfüllen, so folgt aus (12) und (13)

$$\sum\nolimits' E_{k_r,\,k_{r+1},\,\ldots,\,k_n} \\ = \left\{ u\,(\mathfrak{z}_r\,(X)) = (\mathfrak{z}_r\,(X)'\,\mathfrak{z}_r\,(X))^{k_r}\,v\,(\mathfrak{z}_r\,(X)),\ v \in H_{k-2k_r,\,r} \right\}.$$

Summiert man dann außerdem über alle k_r und damit insgesamt über alle Exponentensysteme, die (10) erfüllen, so erhalten wir nach Satz 1 alle Formen aus $F_{k,\,r}$, und zwar ist dann

$$\sum E_{k_r,\,\ldots,\,k_n} = F_{k,\,r},$$

wobei über alle Exponentensysteme, die (10) erfüllen, summiert wird, die direkte Zerlegung von $F_{k,\,r}$ in die Eigenräume von $\mathfrak{R}$.   q.e.d.

§ 7. Der Zerlegungssatz auf der Graßmann-Mannigfaltigkeit

Wie wir in der Einleitung schon bemerkt haben (Lemma 1.2), sind die Formen vom Grad k auf $G\,(m,\,n)$ genau die Formen in X aus

$$F\,(m,\,n,\,k) = \left\{ \hat{u}\,(X)\ /\ \hat{u}\,(XV) = \det\,(V)^k\,\hat{u}\,(X),\ \det\,(V) \neq 0 \right\}. \tag{1}$$

Wir wollen nun die Zuordnung

$$u\,(\mathfrak{z}_0\,(X)) = \hat{u}\,(X)$$

für die Eigenfunktionen von $\mathfrak{R}$ aus $F_{k,\,0}$, die uns aufgrund von Satz 6 bekannt sind, explizit angeben.

Wir führen für die Rechnung die folgende Bezeichnung ein:

$$L_r = L_r^{(m,\,r)} = \begin{pmatrix} I_r \\ 0 \end{pmatrix} \tag{2}$$

$$Y_r = Y_r^{(r)} = L_r'\,X\,(X'\,X)^{-1}\,X'\,L_r, \qquad (Y_0 = 1)$$

wobei wieder

$$I_r = I_r^{(2r,\,r)} = (\delta_{\mu\,2\nu-1} + i\,\delta_{\mu\,2\nu})$$

gesetzt ist. Statt durch (2) kann die Definition von Y_r auch gegeben werden durch

$$Y = L_n' X (X'X)^{-1} X' L_n = \begin{pmatrix} Y_r & * \\ * & * \end{pmatrix} \quad \text{mit} \quad Y_r = Y_r^{(r)}. \qquad (3)$$

Zunächst zeigen wir:

Lemma 7.1.

$$\mathfrak{z}_r(X)'\,\mathfrak{z}_r(X) = \det(X'X)\,\det(Y_r) \qquad \text{für } r < n, \qquad (4)$$

$$(\mathfrak{a}'\,\mathfrak{z}_n(X))^2 = a\,\det(X'X)\,\det(Y_n) \qquad \mathfrak{a} \in G_n,\ a \in \mathbb{C}^\times. \qquad (5)$$

Beweis. $r = n$: $\mathfrak{a} \in G_n$ ist gleichbedeutend mit $\mathfrak{a} = (a)$ mit $a \in \mathbb{C}^\times$. Ferner ist nach Definition $\mathfrak{z}_n(X) = (\det(L_n'X))$ und es gilt

$$\det(Y_n) = \det(L_n'X)^2\,\det(X'X)^{-1}.$$

Mithin gilt

$$z_n(X) = \det(L_n'X) = (\det(X'X)\,\det(Y_n))^{\frac{1}{2}}.$$

Daraus folgt die Behauptung (5) unmittelbar.

Nun sei $r < n$.

Nach Definition von $\mathfrak{z}_r(X)$ ist

$$\begin{aligned}
\mathfrak{z}_r(X)'\,\mathfrak{z}_r(X) &= \sum \det(L_{r\alpha}'X)^2 \\
&= \sum \left(\begin{smallmatrix} \beta_1, \ldots, \beta_r \\ 1, \ldots, r \end{smallmatrix}\right)_{I_r} \left(\begin{smallmatrix} \beta_1, \ldots, \beta_r, \varrho_{r+1}, \ldots, \varrho_n \\ 1, \ldots, n \end{smallmatrix}\right)_X \left(\begin{smallmatrix} \gamma_1, \ldots, \gamma_r, \varrho_{r+1}, \ldots, \varrho_n \\ 1, \ldots, n \end{smallmatrix}\right)_X \left(\begin{smallmatrix} \gamma_1, \ldots, \gamma_r \\ 1, \ldots, r \end{smallmatrix}\right)_{I_r}.
\end{aligned} \qquad (6)$$

Die erste Summe ist zu erstrecken über $1 \leqq \alpha_1 < \cdots < \alpha_{n-r} \leqq m - 2r$; in der zweiten Summe, in der wir $\alpha_j + 2r = \varrho_{r+j}$ gesetzt haben, ist zu summieren über $1 \leqq \beta_1 < \cdots < \beta_r \leqq 2r$, $1 \leqq \gamma_1 < \cdots < \gamma_r \leqq 2r$ und $2r + 1 \leqq \varrho_{r+1} < \cdots < \varrho_n \leqq m$.

Zunächst ist klar, daß man statt über die angegebenen Kombinationen $\varrho_{r+1}, \ldots, \varrho_n$ auch über alle Kombinationen $1 \leqq \varrho_{r+1} < \cdots < \varrho_n \leqq m$ summieren kann, denn ist $\varrho_{r+1}, \ldots, \varrho_n$ eine feste Kombination, für die etwa $\varrho_{r+1} = 2s \leqq 2r$ ist, so gilt

$$\sum \left(\begin{smallmatrix} \beta_1, \ldots, \beta_r \\ 1, \ldots, r \end{smallmatrix}\right)_{I_r} \left(\begin{smallmatrix} \beta_1, \ldots, \beta_r, 2s, \varrho_{r+2}, \ldots, \varrho_n \\ 1, \ldots, n \end{smallmatrix}\right)_X \left(\begin{smallmatrix} \gamma_1, \ldots, \gamma_r, 2s, \varrho_{r+2}, \ldots, \varrho_n \\ 1, \ldots, n \end{smallmatrix}\right)_X \left(\begin{smallmatrix} \gamma_1, \ldots, \gamma_r \\ 1, \ldots, r \end{smallmatrix}\right)_{I_r}$$

$$= -\sum \left(\begin{smallmatrix} \beta_1, \ldots, \beta_r \\ 1, \ldots, r \end{smallmatrix}\right)_{I_r} \left(\begin{smallmatrix} \beta_1, \ldots, \beta_r, 2s-1, \varrho_{r+2}, \ldots, \varrho_n \\ 1, \ldots, n \end{smallmatrix}\right)_X \left(\begin{smallmatrix} \gamma_1, \ldots, \gamma_r, 2s-1, \varrho_{r+2}, \ldots, \varrho_n \\ 1, \ldots, n \end{smallmatrix}\right)_X \left(\begin{smallmatrix} \gamma_1, \ldots, \gamma_r \\ 1, \ldots, r \end{smallmatrix}\right)_{I_r},$$

weil in der ersten Summe nur die Summanden mit $\beta_s = \gamma_s = 2s - 1$ und in der zweiten Summe nur die Summanden mit $\beta_s = \gamma_s = 2s$ von Null verschieden sein können.

Nun entwickelt man die beiden mittleren Determinanten in der letzten Summe in (6) nach den ersten r Zeilen. Man erhält dann:

$$\mathfrak{z}_r(X)'\,\mathfrak{z}_r(X) \tag{7}$$
$$= \sum \varepsilon \begin{pmatrix}\beta_1, \dots, \beta_r\\ 1, \dots, r\end{pmatrix}_{I_r} \begin{pmatrix}\beta_1, \dots, \beta_r\\ \sigma_1, \dots, \sigma_r\end{pmatrix}_X \begin{pmatrix}\varrho_{r+1}, \dots, \varrho_n\\ \sigma_{r+1}, \dots, \sigma_n\end{pmatrix}_X \begin{pmatrix}\varrho_{r+1}, \dots, \varrho_n\\ \tau_{r+1}, \dots, \tau_n\end{pmatrix}_X \begin{pmatrix}\gamma_1, \dots, \gamma_r\\ \tau_1, \dots, \tau_r\end{pmatrix}_X \begin{pmatrix}\gamma_1, \dots, \gamma_r\\ 1, \dots, r\end{pmatrix}_{I_r}.$$

Hierbei ist außer über die Summationsindizes von oben noch über

$$1 \leqq \sigma_1 < \cdots < \sigma_r \leqq n \quad \text{und} \quad 1 \leqq \tau_1 < \cdots < \tau_r \leqq n$$

zu summieren. Ferner bezeichne in (7) $\sigma_{r+1}, \dots, \sigma_n$ bzw. $\tau_{r+1}, \dots, \tau_n$ die der Größe nach geordneten natürlichen Zahlen zwischen 1 und n (einschließlich), die unter $\sigma_1, \dots, \sigma_r$ bzw. $\tau_1, \dots, \tau_r$ nicht vorkommen. Und schließlich bezeichnet ε in (7) den Vorzeichenfaktor

$$\varepsilon = (-1)^{\sum\limits_{i=1}^{r} \sigma_i + \tau_i}.$$

Nun führen wir in (7) die Summation zuerst über die Kombinationen $1 \leqq \varrho_{r+1} < \cdots < \varrho_n \leqq m$ aus.

Dann beachten wir, daß für die quadratische Matrix $X'X$ gilt

$$\begin{pmatrix}\sigma_{r+1}, \dots, \sigma_n\\ \tau_{r+1}, \dots, \tau_n\end{pmatrix}_{X'X} = \varepsilon \, \det(X'X) \begin{pmatrix}\sigma_1, \dots, \sigma_r\\ \tau_1, \dots, \tau_r\end{pmatrix}_{(X'X)^{-1}}.$$

Anschließend summieren wir dann über alle Kombinationen $1 \leqq \sigma_1 < \cdots < \sigma_r \leqq n$ und $1 \leqq \tau_1 < \cdots < \tau_r \leqq n$.

Die Summation über die restlichen Kombinationen $1 \leqq \beta_1 < \cdots < \beta_r \leqq 2r$ und $1 \leqq \gamma_1 < \cdots < \gamma_r \leqq 2r$ liefert dann schließlich die Behauptung:

$$\mathfrak{z}_r(X)'\,\mathfrak{z}_r(X)$$
$$= \sum \varepsilon \begin{pmatrix}\beta_1, \dots, \beta_r\\ 1, \dots, r\end{pmatrix}_{I_r} \begin{pmatrix}\beta_1, \dots, \beta_r\\ \sigma_1, \dots, \sigma_r\end{pmatrix}_X \begin{pmatrix}\sigma_{r+1}, \dots, \sigma_n\\ \tau_{r+1}, \dots, \tau_n\end{pmatrix}_{X'X} \begin{pmatrix}\gamma_1, \dots, \gamma_r\\ \tau_1, \dots, \tau_r\end{pmatrix}_X \begin{pmatrix}\gamma_1, \dots, \gamma_r\\ 1, \dots, r\end{pmatrix}_{I_r}$$
$$= |X'X| \sum \begin{pmatrix}\beta_1, \dots, \beta_r\\ 1, \dots, r\end{pmatrix}_{I_r} \begin{pmatrix}\beta_1, \dots, \beta_r\\ \sigma_1, \dots, \sigma_r\end{pmatrix}_X \begin{pmatrix}\sigma_1, \dots, \sigma_r\\ \tau_1, \dots, \tau_r\end{pmatrix}_{(X'X)^{-1}} \begin{pmatrix}\gamma_1, \dots, \gamma_r\\ \tau_1, \dots, \tau_r\end{pmatrix}_X \begin{pmatrix}\gamma_1, \dots, \gamma_r\\ 1, \dots, r\end{pmatrix}_{I_r}$$
$$= \det(X'X) \sum \begin{pmatrix}\beta_1, \dots, \beta_r\\ 1, \dots, r\end{pmatrix}_{I_r} \begin{pmatrix}\beta_1, \dots, \beta_r\\ \gamma_1, \dots, \gamma_r\end{pmatrix}_{X(X'X)^{-1}X'} \begin{pmatrix}\gamma_1, \dots, \gamma_r\\ 1, \dots, r\end{pmatrix}_{I_r}$$
$$= \det(X'X) \det(Y_r).$$

Das ist aber genau die Behauptung (4) von Lemma 7.1, das damit vollständig bewiesen ist.

Dieses Lemma liefert nun zusammen mit Satz 6 alle Eigenfunktionen von $\mathfrak{R}$ aus $F(m, n, k)$:

Setzen wir

$$\hat{u}_{k_0, \dots, k_n}(X) = \det(X'X)^{k/2} \prod_{r=0}^{n} \det(Y_r)^{k_r}, \tag{8}$$

wobei Y_r die durch (3) definierten Matrizen sind, und

$$E_{k_0, \ldots, k_n} = \mathrm{Lin}\{\hat{u}_{k_0, \ldots, k_n}(UX)/U'U = E\}, \tag{9}$$

so erhalten wir aus Lemma 7.1 und Satz 6 (für $r = 0$)

Satz 7 [Zerlegungssatz auf $G(m\ n)$].

$$F(m, n, k) = \sum E_{k_0, \ldots, k_n}, \tag{10}$$

wobei über alle Systeme nicht-negativer Zahlen $k_0, \ldots, k_n$, die den Bedingungen

$$k_r \equiv 0 \ (\mathrm{mod}\ 1) \quad \text{für } r < n, \quad k_n \equiv \frac{k}{2} \ (\mathrm{mod}\ 1), \quad \sum_{r=0}^{n} k_r = \frac{k}{2} \tag{11}$$

genügen, zu summieren ist, ist die direkte Zerlegung von $F(m, n, k)$ in die Eigenräume von $\mathfrak{R}$.

Der Vektorraum der harmonischen Formen vom Grad k auf $G(m, n)$,

$$H(m, n, k) = \left\{\hat{v}(X) \in F(m, n, k)/\det\left(\frac{\partial}{\partial X'}\ \frac{\partial}{\partial X}\right)\hat{v}(X) = 0\right\}, \tag{12}$$

ist charakterisiert durch $k_0 = 0$, d.h. genauer

Korollar 7.1.

$$H(m, n, k) = \sum E_{0, k_1, \ldots, k_n}, \tag{13}$$

wobei über alle Systeme nicht-negativer Zahlen $k_1, \ldots, k_n$, die der Bedingung (11) — mit $k_0 = 0$ — genügen, zu summieren ist, ist die direkte Zerlegung von $H(m, n, k)$ in die Eigenräume von $\mathfrak{R}$.

Durch einfaches Abzählen der Systeme (11) ergibt sich aus Satz 7 unmittelbar die Anzahl der Eigenräume von $\mathfrak{R}$ in $F(m, n, k)$:

Korollar 7.2. *Es gibt genau* $\dbinom{n+s}{n}$ *mit* $s = [k/2]$ *Eigenräume von $\mathfrak{R}$ in $F(m, n, k)$; davon liegen* $\dbinom{n-1+s}{n-1}$ *in $H(m, n, k)$.*

Für $H(m, 2, k)$ wurde die Anzahl der Eigenräume von $\mathfrak{R}$ bereits in [3], S. 409—413, mit anderen Mitteln bestimmt.

Schließlich soll das Ergebnis des Zerlegungssatzes noch für die Graßmann-Mannigfaltigkeit $\widetilde{G}(m, n)$ formuliert werden:

Dazu setzen wir:

$$\tilde{u}_{k_1,\ldots,k_n}(X) = \prod_{r=1}^{n} \det(Y_r)^{k_r}$$

$$\tilde{E}_{k_1,\ldots,k_n} = \mathrm{Lin}\{\tilde{u}_{k_1,\ldots,k_n}(UX) \mid U'U = E\}.$$

(14)

Satz 8 (Zerlegungssatz auf der Graßmann-Mannigfaltigkeit).
*Für jedes Exponentensystem $k_1,\ldots,k_n$ nicht-negativer ganzer Zahlen
ist $\tilde{E}_{k_1,\ldots,k_n}$ Eigenraum von $\mathfrak{R}$ in $\tilde{G}(m,n)$. Verschiedene Exponentensysteme liefern verschiedene Eigenwertsysteme.*

Die Formen aus diesen Eigenräumen bilden ein Fundamentalsystem auf der Graßmann-Mannigfaltigkeit $\tilde{G}(m,n)$.

Beweis. Sei $\tilde{u} \in \tilde{E}_{k_1,\ldots,k_n}$ und $\tilde{v} \in E_{k_1',\ldots,k_n'}$ mit $k_j \neq k_j'$ für
mindestens ein j. Ferner sei k eine feste natürliche Zahl mit

$$2k \geq \mathrm{Max}\left(\sum_{j=1}^{n} k_j, \ \sum_{j=1}^{n} k_j'\right).$$

Dann sind die Funktionen

$$\det(X'X)^k\,\tilde{u}(X) \quad \text{und} \quad \det(X'X)^k\,\tilde{v}(X) \tag{15}$$

Eigenfunktionen von $\mathfrak{R}$ in $F(m,n,2k)$ zu verschiedenen Eigenwertsystemen (Satz 7). Da $\tilde{u}$ und $\tilde{v}$ homogen vom Grad 0 sind, sind die beiden Funktionen in (15) homogen vom selben Grad.

Da die Operatoren $\sigma(\Lambda^{2h})$ $h=1,\ldots,n$ zusammen mit dem Homogenitätsoperator $\sigma\left(X'\dfrac{\partial}{\partial X}\right)$ eine Basis des Ringes $\mathfrak{R}$ bilden, und da die Operatoren $\sigma(\Lambda^{2h})$ mit $\det(X'X)$ vertauschbar sind, müssen $\tilde{u}$ und $\tilde{v}$ Eigenfunktionen von $\mathfrak{R}$ zu verschiedenen Eigenwertsystemen sein.

Der letzte Teil von Satz 8 folgt aus Lemma 1.3; dabei hat man zu beachten, daß man bereits ein Fundamentalsystem erhält, wenn man von den Formen aus $F(m,n,2k)$ ausgeht.

Nun wollen wir noch zeigen, daß man statt von der in (3) definierten speziellen Matrix

$$Y = L_n' X(X'X)^{-1}X'L_n \quad \text{mit} \quad L_n = \begin{pmatrix} I_n \\ 0 \end{pmatrix} \tag{3}$$

auch von einer allgemeineren Matrix ausgehen kann.

Wir setzen im folgenden stets $\mathfrak{k} = (k_1,\ldots,k_n)$. Zunächst erzeugt mit

$$\tilde{u}_{\mathfrak{k}}(X) = \prod_{r=1}^{n} \det(Y_r)^{k_r} \tag{7}$$

auch jede Form $\tilde{u}_{\mathfrak{k}}(UX)$ mit $U'U = E$ den Eigenraum $\tilde{E}_{\mathfrak{k}}$. Demnach kann in (3) noch die Substitution

$$L_n \to UL_n \quad \text{mit} \quad U'U = E \tag{16}$$

durchgeführt werden, ohne daß sich dabei die Eigenräume $\tilde{E}_{\mathfrak{k}}$ ändern.

Ist nun $V = V^{(n)} = (v_{\mu\nu})$ eine Dreiecksmatrix mit $v_{\mu\nu} = 0$ für $\mu > \nu$ und $\det(V) \neq 0$, so ist die Substitution

$$L_n \to L_n V \tag{17}$$

gleichwertig mit der Substitution

$$Y \to Y[V] = Y^*;$$

dann ist

$$\det(Y_r^*) = \left(\begin{smallmatrix}1, \ldots, r\\1, \ldots, r\end{smallmatrix}\right)_{Y^*} = \sum \left(\begin{smallmatrix}\alpha_1, \ldots, \alpha_r\\1, \ldots, r\end{smallmatrix}\right)_V \left(\begin{smallmatrix}\alpha_1, \ldots, \alpha_r\\\beta_1, \ldots, \beta_r\end{smallmatrix}\right)_Y \left(\begin{smallmatrix}\beta_1, \ldots, \beta_r\\1, \ldots, r\end{smallmatrix}\right)_V.$$

Wegen der speziellen Wahl von V sind in dieser Summe nur die Summanden mit $\alpha_h = \beta_h = h$ für $h = 1, \ldots, r$ von Null verschieden; folglich gilt

$$\det(Y_r^*) = \left(\prod_{h=1}^{r} v_{hh}^2\right) \det(Y_r) = c_r \det(Y_r), \quad c_r \neq 0.$$

Mithin erzeugt auch die Form

$$\tilde{u}_{\mathfrak{k}}^*(X) = \prod_{r=1}^{n} \det(Y_r^*)^{k_r} = c\, \tilde{u}_{\mathfrak{k}}(X)$$

(mit einer von V und dem Exponentensystem $\mathfrak{k}$ abhängigen Konstanten $c \neq 0$) den Eigenraum $\tilde{E}_{\mathfrak{k}}$.

Die Substitutionen (16) und (17) liefern aber nach Lemma 6.1 genau alle Matrizen

$$L = L^{(m,\,n)} \quad \text{mit} \quad \operatorname{rg} L = n \quad \text{und} \quad L'L = 0. \tag{18}$$

Damit haben wir gezeigt:

Korollar 7.3. *Ist L eine feste Matrix, die (18) erfüllt, und ist*

$$Y = L'X(X'X)^{-1}X'L = \begin{pmatrix} Y_r & * \\ * & * \end{pmatrix} \quad \text{mit} \quad Y_r = Y_r^{(r)} \tag{19}$$

und

$$\tilde{u}_{\mathfrak{k}}(X) = \prod_{r=1}^{n} \det(Y_r)^{k_r}, \tag{20}$$

so ist

$$\tilde{E}_\mathfrak{k} = \operatorname{Lin}\left\{ u_\mathfrak{k}(UX) \mid U'U = E \right\}. \tag{21}$$

Bemerkung. Da wir uns nur für die Eigenräume $\tilde{E}_\mathfrak{k}$ interessieren, die unabhängig von L sind, lassen wir in den Definitionen (19) und (20), die beide von L abhängen, den Hinweis auf diese Abhängigkeit — was etwa durch einen Index geschehen könnte — fort. In diesem Sinne können dann die Definitionen (3) und (7) als Spezialfälle von (19) und (20) aufgefaßt werden.

Schließlich folgt aus Korollar 7.3 noch:

$$f(X) = g(Y) \in \tilde{E}_\mathfrak{k} \Rightarrow g(Y[V]) \in \tilde{E}_\mathfrak{k} \quad \text{für } \det(V) \neq 0, \tag{22}$$

denn die Substitution $Y \to Y[V]$ ist gleichbedeutend mit $L \to LV$, und mit L hat auch $L^* = LV$ die Eigenschaft (18).

§ 8. Eigenfunktionen von $\mathfrak{R}$ auf $\tilde{G}(m, n)$. (Anhang)

Es sei wieder

$$L = L^{(m, n)} \quad \text{mit} \quad L'L = 0 \quad \text{und} \quad \operatorname{rg} L = n$$

$$Y = L'X(X'X)^{-1}X'L = \begin{pmatrix} Y_r & * \\ * & * \end{pmatrix} \quad \text{mit} \quad Y_r = Y_r^{(r)}. \tag{1}$$

Sodann bilden wir für jedes Exponentensystem $\mathfrak{k} = (k_1, \ldots, k_n) \in \mathbb{R}^n$ die Funktion

$$f_\mathfrak{k}(X) = \prod_{r=1}^{n} \det(Y_r)^{k_r}. \tag{2}$$

Wir wollen zunächst zeigen, daß diese Funktion für *jedes reelle Exponentensystem* Eigenfunktion des Ringes $\mathfrak{R}$ ist. Dabei werden die Ergebnisse der vorangehenden Betrachtungen nicht verwendet!

Setzen wir dann

$$\mathfrak{G} = \left\{ \mathfrak{k} \in \mathbb{R}^n / k_r \geqq 0, \ k_r \text{ ganz}, \ r = 1, \ldots, n \right\}, \tag{3}$$

so folgt aus Satz 8, daß jedes $\mathfrak{k}$ aus $\mathfrak{G}$ das Eigenwertsystem von $f_\mathfrak{k}(X)$ bezüglich irgendeiner Basis von $\mathfrak{R}$ umkehrbar eindeutig bestimmt.

Wir wollen dann noch mit Hilfe eines allgemeinen Lemmas von Selberg zeigen: Ist

$$\mathfrak{H} = \left\{ \mathfrak{k} \in \mathbb{R}^n / k_r \geqq -\tfrac{1}{2}, \ r = 1, \ldots, n-1 \right\}, \tag{4}$$

so liegt jeder Bereich $\mathfrak{F}$, der $\mathfrak{G}$ enthält und in dem jedes $\mathfrak{k} \in \mathfrak{F}$ das Eigenwertsystem von $f_{\mathfrak{k}}(X)$ bezüglich irgendeiner Basis von $\mathfrak{R}$ umkehrbar eindeutig bestimmt, ganz in $\mathfrak{H}$.

Zum Beweis dieser beiden Aussagen benötigen wir einige Ergebnisse über den Ring $\mathfrak{L}$ der invarianten linearen Differentialoperatoren in der symmetrischen Variablenmatrix Y.

Für eine symmetrische Variablenmatrix $Y = Y^{(n)}$ setzen wir — wie üblich —

$$\frac{\partial}{\partial Y} = \left(e_{\mu\nu} \frac{\partial}{\partial y_{\mu\nu}} \right) \quad \text{mit} \quad e_{\mu\nu} = \frac{1}{2}(1 + \delta_{\mu\nu}). \tag{5}$$

Es sei nun $\mathfrak{L}$ der Ring der bezüglich der Substitutionen

$$Y \to Y[V] \quad \text{mit} \quad \det(V) \neq 0 \tag{6}$$

invarianten linearen Differentialoperatoren.

Setzen wir dann noch

$$D = Y \frac{\partial}{\partial Y}, \tag{7}$$

so gilt nach [3], S. 155,

Lemma 8.1. *Die bezüglich* (6) *invarianten linearen Differentialoperatoren* $\sigma(D^h)$ $h = 1, \ldots, n$ *bilden eine Basis von* $\mathfrak{L}$.

Nun setzen wir noch — wie in (1) —

$$Y = \begin{pmatrix} Y_r & * \\ * & * \end{pmatrix} \quad \text{mit} \quad Y_r = Y_r^{(r)}. \tag{8}$$

Wir betrachten dann die Funktion (2) als Funktion von Y, d.h. wir interessieren uns für die Funktion

$$g_{\mathfrak{k}}(Y) = \prod_{r=1}^{n} \det(Y_r)^{k_r}. \tag{9}$$

Daß die Funktionen (9) für jedes reelle Exponentensystem $\mathfrak{k}$ Eigenfunktionen von $\mathfrak{L}$ sind, ist einfach nachzuweisen, denn es gilt

$$Dg_{\mathfrak{k}}(Y) = \sum_{r=1}^{n} k_r M_r g_{\mathfrak{k}}(Y) \qquad M_r = Y \begin{pmatrix} Y_r^{-1} & 0 \\ 0 & 0 \end{pmatrix}$$

$$DM_r = \tfrac{1}{2}(n - r) M_r \tag{10}$$

$$M_r M_s = M_{\min(r,\,s)}.$$

Aus den Gln. (10) folgt durch Induktion sofort

$$D^h g_{\mathfrak{k}}(Y) = \sum_{r=1}^{n} a_{h\,r}\, M_r\, g_{\mathfrak{k}}(Y) \quad \text{mit} \quad a_{h\,r}\in\mathbb{R}. \tag{11}$$

Durch Spurbildung erhalten wir daraus — da $\sigma(M_r)=r$ ist —

$$\sigma(D^h)\, g_{\mathfrak{k}}(Y) = d_h(\mathfrak{k})\, g_{\mathfrak{k}}(Y) \quad \text{mit} \quad d_h(\mathfrak{k})\in\mathbb{R}. \tag{12}$$

Wir benötigen jedoch noch eine weitergehendere Aussage: Dazu setzen wir

$$k_r = s_r - s_{r+1} - \frac{1}{2}, \quad r=1,\dots,n \quad \left(s_{n+1} = -\frac{n+1}{4}\right). \tag{13}$$

Dann gilt nach [7], S. 58,

Lemma 8.2 (Selberg). *Für jedes* $\mathfrak{k}\in\mathbb{R}^n$ *ist* $g_{\mathfrak{k}}(Y)$ *Eigenfunktion von* $\mathfrak{L}$. *Jeder Eigenwert* $d_h(\mathfrak{k}) = \lambda_h(\mathfrak{s})$ *von* $g_{\mathfrak{k}}(Y)$ *bezüglich* $\sigma(D^h)$ *ist ein symmetrisches Polynom in* $s_1,\dots,s_n$ *mit*

$$\lambda_n(\mathfrak{s}) = \sum_{r=1}^{n} s_r^h + \textit{Glieder niedrigerer Ordnung}. \tag{14}$$

Daraus folgt, daß die monotonen Systeme $(s_1,\dots,s_n)$, etwa die Systeme mit

$$s_1 \geqq s_2 \geqq \cdots \geqq s_n \tag{15}$$

umkehrbar eindeutig die Eigenwerte $\lambda_h(\mathfrak{s}) = d_h(\mathfrak{k})$ $h=1,\dots,n$ bestimmen. Aufgrund von (13) ist (15) gleichwertig mit

$$k_r \geqq -\tfrac{1}{2} \quad \text{für} \quad r=1,\dots,n-1.$$

Wir erhalten damit aus dem Lemma von Selberg

Lemma 8.3. *Für jedes* $\mathfrak{k}\in\mathbb{R}^n$ *ist* $g_{\mathfrak{k}}(Y)$ *Eigenfunktion von* $\mathfrak{L}$. *Im Bereich*

$$\mathfrak{H} = \left\{\mathfrak{k}\in\mathbb{R}^n / k_r \geqq -\tfrac{1}{2},\, r=1,\dots,n-1\right\} \tag{16}$$

bestimmt das Exponentensystem $\mathfrak{k}$ *das Eigenwertsystem von* $g_{\mathfrak{k}}(Y)$ *bezüglich irgendeiner Basis von* $\mathfrak{L}$ *umkehrbar eindeutig.*

$\mathfrak{H}$ ist der einzige maximale Bereich, der das Gitter $\mathfrak{G}$ *enthält, mit dieser Eigenschaft.*

Die Beziehung zwischen dem Ring $\mathfrak{L}$ und dem Ring $\mathfrak{R}$ wird durch das folgende zentrale Lemma gegeben:

Lemma 8.4. *Ist* $\sigma\left(X'\dfrac{\partial}{\partial X}\right)$, $\sigma(\Psi_h)$ $h=1,\ldots,n$ *eine Basis von* $\Re$, *so gibt es Operatoren* $\sigma(\Omega_h)$ $h=1,\ldots,n$ *aus* $\mathfrak{L}$, *so daß*

$$\sigma(\Psi_h)\, f(Y) = \sigma(\Omega_h)\, f(Y), \tag{17}$$

wobei Y *durch* (1) *definiert ist, d.h.*

$$Y = L'X(X'X)^{-1}X'L \quad mit \quad L = L^{(m,\,n)},\ \mathrm{rg}\, L = n,\ L'L = 0. \tag{1}$$

Zum Beweis benötigen wir den folgenden einfachen Hilfssatz:

Lemma 8.5. *Die Operatoren* $\dfrac{\partial}{\partial Y}\, D'$, YD', YD'' *sind symmetrisch und es gilt:*

$$D'D'' = \left(\left(D - \frac{n}{2}E\right)D'\right)' + \frac{1}{2}\sigma(D')\, E. \tag{18}$$

Bezeichnung. Im Beweis dieser beiden Hilfssätze unterstreichen wir eine variable Größe, wenn sie in bezug auf nachfolgende Differentiationen als konstant anzusehen ist.

Beweis von Lemma 8.5. Betrachtet man in D' alle auftretenden Y als konstant, so entsteht ein neuer Operator, den wir mit T' bezeichnen.

Dann gilt zunächst:

$$DT' = T'^{+1} + \frac{1}{2}\sum_{s=0}^{r-1} Y\left(T^{s\prime} + \sigma(T^s)\, E\right)\frac{\partial}{\partial Y}\,\underline{T}^{r-s-1}$$

$$= T'^{+1} + \frac{1}{2}\sum_{s=0}^{r-1} T' + \frac{1}{2}\sum_{s=0}^{r-1} T^{r-s}\,\sigma(\underline{T}^s)$$

$$= T'^{+1} + \frac{r}{2}\, T' + \frac{1}{2}\sum_{s=0}^{r+1} T^{r-s}\,\sigma(\underline{T}^s).$$

Daraus folgt durch Induktion

$$D^{r+1} = T'^{+1} + \sum_{s=0}^{r} T^{r-s}\, p_{rs}\left(\sigma(\underline{T}^1),\ldots,\sigma(\underline{T}^s)\right) \tag{19}$$

mit gewissen Polynomen p_{rs}.

Ersetzt man in den Operatoren von Lemma 8.5 stets D durch T, so entstehen neue Operatoren, die ersichtlich symmetrisch sind. Aufgrund von (19) sind dann auch die Operatoren von Lemma 8.5 symmetrisch.

Es verbleibt noch (18) nachzuweisen:

$$D'^{+1\,\prime} = \left(Y \frac{\partial}{\partial Y} D'\right)' = \left(\frac{\partial}{\partial Y} D'\right)' \underline{Y} = \frac{\partial}{\partial Y} D' \underline{Y}$$

$$= \frac{\partial}{\partial Y}(\underline{Y}D'\,')' = \frac{\partial}{\partial Y}(YD'\,')' - \frac{1}{2} D'\,' - \frac{1}{2}\sigma(D')\,E$$

$$= \frac{\partial}{\partial Y} YD'\,' - \frac{1}{2} D'\,' - \frac{1}{2}\sigma(D')\,E = D'D'\,' + \frac{n}{2} D'\,' - \frac{1}{2}\sigma(D')\,E.$$

Durch Umordnen ergibt sich hieraus unmittelbar (18). Damit ist Lemma 8.5 vollständig bewiesen.

Beweis von Lemma 8.4. Es genügt offenbar, Lemma 8.4 für eine spezielle Basis von $\mathfrak{R}$ zu beweisen. Wir konstruieren zunächst eine solche.

Dazu bilden wir mit dem Laplace-Operator

$$\Delta = X'X \frac{\partial}{\partial X'} \frac{\partial}{\partial X} \tag{20}$$

die Operatoren

$$\Psi_h = \left(-\tfrac{1}{4}\right)^h (X'L)^{-1} (L'X\Delta^h{}')'. \tag{21}$$

Nach Lemma 5.1 bilden die Operatoren

$$\sigma\left(X' \frac{\partial}{\partial X}\right), \quad \sigma(\Psi_h) \quad h = 1, \ldots, n \tag{22}$$

eine Basis des Ringes $\mathfrak{R}$.

Wir bestimmen nun rekursiv Operatoren

$$\Omega_h = \sum_{r=0}^{2h} D'^r \, p_{h\,r}\big(\sigma(D^1), \ldots, \sigma(D^n)\big) \tag{23}$$

mit gewissen Polynomen $p_{h\,r}$ so, daß

$$\Psi_h f(Y) = \Omega_h f(Y) \tag{24}$$

gilt.

Zunächst bestätigt man leicht die Identität

$$\frac{\partial}{\partial X} f(Y) = 2\left(E - X(X'X)^{-1}X'\right) L \frac{\partial}{\partial Y} L' \underline{X(X'X)^{-1}} f(Y). \tag{25}$$

Daraus folgt — da $L'L = 0$ ist —

$$(X'L)^{-1} X'X \frac{\partial}{\partial X'} Lf(Y) = -2D'f(Y) \tag{26}$$

$$L'\left(X \frac{\partial}{\partial X'}\right)' Lf(Y) = -2YD'f(Y). \tag{27}$$

Sodann erhalten wir durch einfache Rechnung

$$\frac{\partial}{\partial X'}\left(E - X(X'X)^{-1}X'\right)QX(X'X)^{-1}$$

$$= \frac{\partial}{\partial X'}\left(E - \underline{X(X'X)^{-1}X'}\right)Q\underline{X(X'X)^{-1}}$$

$$+ (n-m)\,(X'X)^{-1}X'QX(X'X)^{-1} \qquad (28)$$

$$+ (X'X)^{-1}\sigma\left((E - X(X'X)^{-1}X')Q\right).$$

Setzen wir dann in (28)

$$Q = L\,\frac{\partial}{\partial Y}\,L',$$

und berücksichtigen, daß — wegen $L'L = 0$ —

$$\sigma\left((E - X(X'X)^{-1}X')L\,\frac{\partial}{\partial Y}\,L'\right) = \sigma\left((L'L - Y)\,\frac{\partial}{\partial Y}\right) = -\sigma(D)$$

gilt, so ergibt sich aus (25) und (28)

$$\frac{\partial}{\partial X'}\,\frac{\partial}{\partial X}\,f(Y) = 2\,\frac{\partial}{\partial X'}\left(E - X(X'X)^{-1}X'\right)$$

$$\cdot\left((X'X)^{-1}X'L\,\frac{\partial}{\partial Y}\,L'\right)' f(Y)$$

$$= \left\{ 4(X'X)^{-1}X'L\,\frac{\partial}{\partial Y}\,L'\,(E - \underline{X(X'X)^{-1}X'})^2 \right.$$

$$\cdot L\,\frac{\partial}{\partial Y}\,L'\,\underline{X(X'X)^{-1}} \qquad (29)$$

$$- 2(m-n)\,(X'X)^{-1}X'L\,\frac{\partial}{\partial Y}\,L'\,\underline{X(X'X)^{-1}}$$

$$\left. - 2(X'X)^{-1}\sigma(D)\right\} f(Y).$$

Daraus erhalten wir durch einfache Umformung

$$X'X\,\frac{\partial}{\partial X'}\,\frac{\partial}{\partial X}\,f(Y)$$

$$= -2X'L\left\{\left(2\,\frac{\partial}{\partial Y}\,\underline{Y} + (m-n)\,E\right)\frac{\partial}{\partial Y}\,\underline{Y} \qquad (30)\right.$$

$$\left. + \sigma(D)\,E\right\}\underline{(X'L)^{-1}}\,f(Y).$$

Setzen wir nun den in (21) definierten Operator Ψ_1 ein, so hat (30) zur Folge

$$\Psi_1 f(Y) = -\tfrac{1}{4}(X'L)^{-1}X'X\,\frac{\partial}{\partial X'}\,\frac{\partial}{\partial X}\,\underline{X'L}\,f(Y)$$

$$= \left\{\left(D' + \frac{m-n}{2}\,E\right)\left(\underline{Y}\,\frac{\partial}{\partial Y}\right)' + \tfrac{1}{2}\,\sigma(D)\,E\right\}f(Y)$$

$$= D'\left(D' + \frac{m-n-1}{2}\,E\right)f(Y).$$

Das ist aber genau die Behauptung (24) für $h = 1$ mit

$$\Omega_1 = D'\left(D' + \frac{m-n-1}{2}\,E\right).\qquad(31)$$

(Speziell ist Ω_1 von der Gestalt (23).)

Nun sei Ω_h so bestimmt, daß (24) gilt, wobei Ω_h die Gestalt (23) hat. Wir wollen Ω_{h+1} bestimmen. Zunächst ist

$$\begin{aligned}
\Omega_1\Omega_h\,f(Y) &= \left(-\tfrac{1}{4}\right)^{h+1}(X'L)^{-1}(L'X\Delta')'(X'L)^{-1}(L'X\Delta^{h'})'\,f(Y) \\
&= \Big\{\left(-\tfrac{1}{4}\right)^{h+1}(X'L)^{-1}\Delta(L'X\Delta^{h'})' \\
&\quad + \frac{n+1}{4}(X'L)^{-1}X'X\,\frac{\partial}{\partial X'}\,L\Omega_h\Big\}f(Y) \\
&= \Big\{\left(-\tfrac{1}{4}\right)^{h+1}(X'L)^{-1}\Delta(L'X\Delta^{h'})' - \frac{n+1}{2}\,D'\Omega_h\Big\}f(Y).
\end{aligned}\qquad(32)$$

Dabei folgt die letzte Zeile aus der vorletzten aufgrund von (26). Als nächstes formen wir den ersten Summanden der letzten Zeile um:

$$\begin{aligned}
\left(-\tfrac{1}{4}\right)^{h+1}&(X'L)^{-1}\Delta(L'X\Delta^{h'})'\,f(Y) \\
&= \Big\{\Psi_{h+1} - \tfrac{1}{4}(X'L)^{-1}X'X\,\frac{\partial}{\partial X'}\,L\sigma(\Omega_h) \\
&\quad + \left(-\tfrac{1}{4}\right)^{h+1}(X'L)^{-1}X'X\left(\frac{\partial}{\partial X}\,\Delta^h\right)'L\Big\}f(Y) \\
&= \Big\{\Psi_{h+1} + \tfrac{1}{2}\,D'\sigma(\Omega_h) \\
&\quad + \left(-\tfrac{1}{4}\right)^{h+1}(X'L)^{-1}X'X\left(\frac{\partial}{\partial X}\,\Delta^h\right)'L\Big\}f(Y).
\end{aligned}\qquad(33)$$

Aus (32) und (33) erhalten wir unter Berücksichtigung von (31)

$$\Psi_{h+1}\,f(Y) = \Big\{D'\left(D' + \frac{m}{2}\,E\right)\Omega_h - \tfrac{1}{2}\,D'\sigma(\Omega_h) + \tfrac{1}{4}\,\Sigma_h\Big\}f(Y),\qquad(34)$$

dabei ist

$$\begin{aligned}
\Sigma_h &= \left(-\tfrac{1}{4}\right)^{h}(X'L)^{-1}X'X\left(\frac{\partial}{\partial X}\,\Delta^h\right)'L \\
&= \left(-\tfrac{1}{4}\right)^{h}\left(L'\,\frac{\partial}{\partial X}\,\Delta^h\,\underline{X'X(L'X)^{-1}}\right)' \\
&= \left(-\tfrac{1}{4}\right)^{h}\left(L'\,\frac{\partial}{\partial X}\,\Delta^h\,\underline{X'LY^{-1}}\right)' \\
&= \left(-\tfrac{1}{4}\right)^{h}Y^{-1}\left(L'\,\frac{\partial}{\partial X}\,X'L(X'L)^{-1}\underline{(L'X\Delta^{h'})'}\right)' \\
&= Y^{-1}\left(L'\left(X\,\frac{\partial}{\partial X'}\right)'L\Omega_h\right)' + Y^{-1}L'L(n\Omega_h + \sigma(\Omega_h)\,E).
\end{aligned}$$

Aufgrund von (27) und der Tatsache, daß $L'L = 0$ ist, folgt daraus

$$\Sigma_h f(Y) = -2 Y^{-1} (Y D' \Omega_h)' f(Y). \tag{35}$$

Da nach Voraussetzung $D'\Omega_h$ ein Polynom in D' ist (denn nach (23) ist Ω_h ein Polynom in D') folgt aus Lemma 8.5, daß der Operator $Y D' \Omega_h$ symmetrisch ist. Mithin folgt aus (35)

$$\Sigma_h f(Y) = -2 D' \Omega_h f(Y). \tag{36}$$

Setzen wir das in (34) ein, so erhalten wir

$$\Psi_{k+1} f(Y) = \left\{ D'\left(D' + \frac{m-1}{2} E\right)\Omega_h - \frac{1}{2} D' \sigma(\Omega_h)\right\} f(Y). \tag{37}$$

Das ist aber genau die Behauptung (24) für $h+1$ mit

$$\Omega_{h+1} = D'\left(D' + \frac{m-1}{2} E\right)\Omega_h - \frac{1}{2} D' \sigma(\Omega_h) \quad \text{mit} \quad \Omega_0 = E. \tag{38}$$

Speziell folgt daraus, daß auch der Operator Ω_{h+1} von der Form (23) ist. Damit ist für jedes h der Operator Ω_h von der Form (23) konstruiert, der (24) erfüllt.

Da $\sigma(D'')$ für jedes r in $\mathfrak{L}$ liegt, folgt aus (23), daß auch $\sigma(\Omega_h)$ für jedes h in $\mathfrak{L}$ liegt.

Damit ist Lemma 8.4 bewiesen.

Aus Lemma 8.3 und Lemma 8.4 folgt, daß für jedes reelle Exponentensystem $\mathfrak{k} = (k_1, \ldots, k_n)$ die Funktion

$$f_{\mathfrak{k}}(X) = \prod_{r=1}^{n} \det(Y_r)^{k_r} \tag{2}$$

Eigenfunktion von $\mathfrak{R}$ ist.

Ist $\mathfrak{F}$ ein Bereich in $\mathbb{R}^n$ mit der Eigenschaft, daß jedes $\mathfrak{k}$ aus $\mathfrak{F}$ das Eigenwertsystem von $f_{\mathfrak{k}}(X)$ umkehrbar eindeutig bestimmt, und liegt das Gitter

$$\mathfrak{G} = \left\{\mathfrak{k} \in \mathbb{R}^n / k_r \geq 0,\, k_r \text{ ganz},\, r = 1, \ldots, n\right\} \tag{3}$$

ganz in $\mathfrak{F}$, so liegt $\mathfrak{F}$ ganz in

$$\mathfrak{H} = \left\{\mathfrak{k} \in \mathbb{R}^n / k_r \geq -\tfrac{1}{2},\, r = 1, \ldots, n-1\right\}. \tag{4}$$

Nach Satz 8 gibt es so ein $\mathfrak{F}$.

Setzen wir — wie in § 7, (21) — für jedes $\mathfrak{k} \in \mathbb{R}^n$

$$\tilde{E}_{\mathfrak{k}} = \operatorname{Lin}\left\{f_{\mathfrak{k}}(UX) \mid U'U = E\right\},$$

so haben wir zusammenfassend gezeigt:

Satz 9. (a) *Für jedes reelle Exponentensystem $\mathfrak{k}$ ist $\widetilde{E}_{\mathfrak{k}}$ Eigenraum von $\mathfrak{R}$.*

(b) *Die Funktionen aus den Räumen $\widetilde{E}_{\mathfrak{k}}$ mit $\mathfrak{k} \in \mathfrak{G}$ bilden ein Fundamentalsystem auf der Graßmann-Mannigfaltigkeit $\widetilde{G}(m, n)$.*

(c) *Es gibt einen Bereich $\mathfrak{F}$, der $\mathfrak{G}$ enthält, so daß jedes $\mathfrak{k} \in \mathfrak{F}$ umkehrbar eindeutig das Eigenwertsystem von $\widetilde{E}_{\mathfrak{k}}$ bestimmt.*

(d) *Jeder solche Bereich $\mathfrak{F}$ liegt in $\mathfrak{H}$.*

Bemerkung 1. Die Aussage (a) des letzten Satzes wurde in diesem Paragraphen unabhängig von allem Voranstehenden gezeigt. Ebenso (d). Die Aussage (b) kann durch Induktion allein aus den Sätzen 1 und 5 und Lemma 1.3 gefolgert werden.

Die (etwas unhandlichen) Betrachtungen der §§ 4 und 5 dienten allein zum Beweis der Aussage (c).

Bemerkung 2. Es gibt also Eigenfunktionen von $\mathfrak{R}$ auf der Graßmann-Mannigfaltigkeit, die durch Eigenfunktionen von $\mathfrak{R}$ zu anderen Eigenwertsystemen approximiert werden können!

Literatur

1. Hodge, W. V. D., Pedoe, D.: Methods of algebraic geometry, vol. I, II. Cambridge 1952.
2. Klingen, H.: Zur Theorie der hermitischen Modulfunktionen. Math. Ann. **134**, 355—384 (1958).
3. Maaß, H.: Spherical functions and quadratic forms. J. Indian math. Soc. **20**, 117—162 (1958).
4. — Zur Theorie der Kugelfunktionen in einer Matrixvariablen. Math. Ann. **135**, 391—416 (1958).
5. — Zur Theorie der harmonischen Formen. Math. Ann. **137**, 142—149 (1959).
6. — Modulformen zu indefiniten quadratischen Formen. Math. Scand. **17**, 41—55 (1965).
7. Selberg, A.: Harmonic analysis and discontinuous groups, ... J. Indian math. Soc. **20**, 47—87 (1956).
8. Weyl, H.: The classical groups. Princeton 1939.

Sitzungsberichte

der

Heidelberger Akademie der Wissenschaften

Mathematisch-naturwissenschaftliche Klasse

Jahrgang 1971

Springer-Verlag Berlin Heidelberg New York 1971

Universitätsdruckerei H. Stürtz AG, Würzburg

INHALT

Jahrgang 1971

Sitzungsberichte
der Heidelberger Akademie der Wissenschaften
Mathematisch-naturwissenschaftliche Klasse

Die Jahrgänge bis 1921 einschließlich erschienen im Verlag von Carl Winter, Universitätsbuchhandlung in Heidelberg, die Jahrgänge 1922—1933 im Verlag Walter de Gruyter & Co. in Berlin, die Jahrgänge 1934—1944 bei der Weißschen Universitätsbuchhandlung in Heidelberg. 1945, 1946 und 1947 sind keine Sitzungsberichte erschienen. Ab Jahrgang 1948 erscheinen die „Sitzungsberichte" im Springer-Verlag.

Sitzungsberichte der Heidelberger Akademie der Wissenschaften
Mathematisch-naturwissenschaftliche Klasse
Erschienene Jahrgänge